解 读 地 球 密 码

丛书主编　孔庆友

元素集合

矿 物

Minerals
The Aggregation of Elements

本书主编　李金镇　于　松　吴　涛

山东科学技术出版社

·济南·

图书在版编目（CIP）数据

元素集合——矿物/李金镇，于松，吴涛主编.--济南：山东科学技术出版社，2016.6（2023.4 重印）
（解读地球密码）
ISBN 978-7-5331-8343-1

Ⅰ.①元… Ⅱ.①李… ②于… ③吴… Ⅲ.①矿物－普及读物 Ⅳ.① P57-49

中国版本图书馆 CIP 数据核字（2016）第 142995 号

丛书主编　孔庆友
本书主编　李金镇　于　松　吴　涛

元素集合——矿物
YUANSU JIHE——KUANGWU

责任编辑：赵　旭
装帧设计：魏　然

———————————————————

主管单位：山东出版传媒股份有限公司
出　版　者：山东科学技术出版社
　　　　　地址：济南市市中区舜耕路 517 号
　　　　　邮编：250003　电话：（0531）82098088
　　　　　网址：www.lkj.com.cn
　　　　　电子邮件：sdkj@sdcbcm.com
发　行　者：山东科学技术出版社
　　　　　地址：济南市市中区舜耕路 517 号
　　　　　邮编：250003　电话：（0531）82098067
印　刷　者：三河市嵩川印刷有限公司
　　　　　地址：三河市杨庄镇肖庄子
　　　　　邮编：065200　电话：（0316）3650395

———————————————————

规　格：16 开（185 mm×240 mm）
印　张：9.5　字数：171 千
版　次：2016 年 6 月第 1 版　印次：2023 年 4 月第 4 次印刷
定　价：38.00 元
审图号：GS（2017）1091 号

普及地质科学知识

提高民族科学素质

李廷栋

2016年九月

传播地学知识，弘扬科学精神，
践行绿色发展观，为建设
美好地球村而努力。

翟裕生
2015年10月

贺　词

　　自然资源、自然环境、自然灾害，这些人类面临的重大课题都与地学密切相关，山东同仁编著的《解读地球密码》科普丛书以地学原理和地质事实科学、真实、通俗地回答了公众关心的问题。相信其出版对于普及地学知识，提高全民科学素质，具有重大意义，并将促进我国地学科普事业的发展。

国土资源部总工程师　苏青鹏

　　编辑出版《解读地球密码》科普丛书，举行业之力，集众家之言，解地球之理，展齐鲁之貌，结地学之果，蔚为大观，实为壮举，必将广布社会，流传长远。人类只有一个地球，只有认识地球、热爱地球，才能保护地球、珍惜地球，使人地合一、时空长存、宇宙永昌、乾坤安宁。

山东省国土资源厅副厅长　王桂鹏

编著者寄语

★ 地学是关于地球科学的学问。它是数、理、化、天、地、生、农、工、医九大学科之一，既是一门基础科学，也是一门应用科学。

★ 地球是我们的生存之地、衣食之源。地学与人类的生产生活和经济社会可持续发展紧密相连。

★ 以地学理论说清道理，以地质现象揭秘释惑，以地学领域广采博引，是本丛书最大的特色。

★ 普及地球科学知识，提高全民科学素质，突出科学性、知识性和趣味性，是编著者的应尽责任和共同愿望。

★ 本丛书参考了大量资料和网络信息，得到了诸作者、有关网站和单位的热情帮助和鼎力支持，在此一并表示由衷谢意！

科学指导

李廷栋 中国科学院院士、著名地质学家
翟裕生 中国科学院院士、著名矿床学家

编著委员会

主　　任	刘俭朴　李　琥
副 主 任	张庆坤　王桂鹏　徐军祥　刘祥元　武旭仁　屈绍东
	刘兴旺　杜长征　侯成桥　臧桂茂　刘圣刚　孟祥军
主　　编	孔庆友
副 主 编	张天祯　方宝明　于学峰　张鲁府　常允新　刘书才
编　　委	（以姓氏笔画为序）

卫　伟　王　经　王世进　王光信　王来明　王怀洪
王学尧　王德敬　方　明　方庆海　左晓敏　石业迎
冯克印　邢　锋　邢俊昊　曲延波　吕大炜　吕晓亮
朱友强　刘小琼　刘凤臣　刘洪亮　刘海泉　刘继太
刘瑞华　孙　斌　杜圣贤　李　壮　李大鹏　李玉章
李金镇　李香臣　李勇普　杨丽芝　吴国栋　宋志勇
宋明春　宋香锁　宋晓媚　张　峰　张　震　张永伟
张作金　张春池　张增奇　陈　军　陈　诚　陈国栋
范士彦　郑福华　赵　琳　赵书泉　郝兴中　郝言平
胡　戈　胡智勇　侯明兰　姜文娟　祝德成　姚春梅
贺　敬　徐　品　高树学　高善坤　郭加朋　郭宝奎
梁吉坡　董　强　韩代成　颜景生　潘拥军　戴广凯

书稿统筹	宋晓媚　左晓敏

目 录
CONTENTS

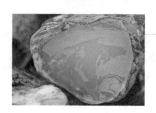

矿物的分类/28

矿物的分类方案有多种，目前普遍采用的是晶体化学分类法，它把矿物的化学成分与其内部的晶体结构联系起来，可以阐明二者之间的相互关系及其与矿物的外部形态、物理性质等特性之间的关系。

矿物的命名方法/30

矿物种属繁多，每种矿物均有一个正式名称，大部分是以矿物的特征来命名的，也有以发现该矿物的地点、人或研究学者的名字来命名的，或者为纪念某人而以他的名字来命名。

Part 2 揭秘矿物成因

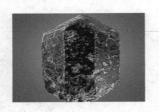

形成矿物的地质作用/36

矿物都是通过地质作用形成的，根据其性质和能量来源，将形成矿物的地质作用分为内生地质作用、外生地质作用和变质作用三种。

形成矿物的方式/42

在地质作用下，矿物的形成方式主要有气态变成固态、液态变成固态和固态变成固态三种形式。当外界条件变化后，原来的矿物可变化形成另一种新矿物。

Part 3 知悉身边矿物

宝石用矿物/46

宝石以其夺目的光彩、晶莹的质地成为人们珍爱的装饰品，也是日常生活中与人们关系最为密切的矿物之一。

提炼金属的矿物/62

种类繁多的各种金属是人类生产和生活必要的原料，广泛应用于科技、国防等各领域。自然界中的金属绝大多数是以各种化合物的形式存在，需要经过提炼才能得到它们。

化工原料矿物/94

化工原料广泛应用于日常生活中，矿物是化工原料的重要来源，主要用作化工原料的矿物有磷灰石、硫铁矿、自然硫等。

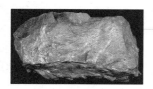

建筑原料矿物/102

用于建造建筑物的原料有很多，其中一部分是矿物，主要有黏土、高岭石、硅灰石、石膏等。它们用于建筑的各个方面，也可以用于工业的其他方面。

陶瓷原料矿物/104

陶瓷的发展史是中华文明史的重要组成部分。陶瓷是由多种矿物原料经过复杂的工艺制作完成的，根据矿物组成可将陶瓷原料划分为黏土类原料、硅质原料、长石类原料和其他矿物原料。

染料矿物/111

在丰富多彩的色浆原料世界里，矿物一直是人类青睐的对象之一。从最早的古代壁画、工艺品，到近现代的中国画、油画，一件件精美艺术品的背后，矿物色浆原料功不可没。

用作添加剂的矿物/117

矿物添加剂主要有化妆品添加剂、食品和饲料添加剂等，它们的用量不多，却能起到画龙点睛的神奇效果。

药用矿物/123

药品也是日常生活中的常用品，有些矿物就是天然的药品。在我国，因药源常备、疗效显著，历代医药业者均非常重视矿物药的临床应用，其在医疗、养生和保健等方面发挥着重大的作用。

Part 4 话说矿物鉴定

矿物的简易鉴定/130

对于多数常见的矿物，可以根据其特殊的物理化学性质，对矿物进行简易鉴定。简易鉴定法是野外工作中重要的鉴定方法，可以总结为"观、摸、刻、掂"。

矿物的仪器鉴定/136

对于简易方法无法鉴定的疑难矿物，则需要请专业人员采用实验室鉴定方法，通过分析矿物的化学成分、结构、形貌和物性来鉴定矿物，主要有化学分析法、X射线衍射分析法、电子显微镜观察法等。

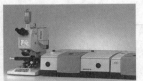

参考文献/140

Part 1 走进矿物世界

矿物是在各种地质作用中形成的天然单质或化合物，它们具有一定的化学成分和内部结构，从而有一定的形态、物理性质和化学性质，它们是组成岩石和矿石的基本单位。

矿物种类繁多，形态各异，人们根据矿物的特征对其进行命名，并根据矿物的化学成分与其内部的晶体结构进行分类。

从元素说起

在地壳的演化过程中，由各种地质作用形成的物质是多种多样的，它们可以呈固态、液态、气态或胶凝体。地壳的大气圈、水圈和岩石圈便是根据物质存在的主要物理状态来划分的。由于气态和液态物质各有其特殊的属性而纳入其他科学领域，当前一般矿物学只把晶质固体称为矿物，作为主要研究对象。

由于生成条件的不同，矿物的成分、结构和形态、性质均可有不同程度的差异，但这种差异只发生在一定范围内，其主要的成分、结构仍不改变，这种不变的

属性便构成了该矿物种的属性。它将这一矿物种与其他矿物种区分开来，同时，这种在一定范围内的变化状况，可为详细研究矿物形成的条件、用途等提供资料。

任何一种矿物都只在一定的地质条件下才是相对稳定的，当外界条件改变到一定程度时，原有的矿物就要发生变化，同时生成新的矿物。

目前已发现的矿物基本都产自地壳（表1-1），共有3 000多种。随着科技的发展，矿物的研究范围已经扩大到地幔和宇宙中的其他天体。

表1-1　　　　　　　　　　　地壳中矿物的丰度

矿物	体积百分比	矿物	体积百分比
石英	12.0	橄榄石	3.0
钾长石	12.0	黏土矿物等	4.6
斜长石	39.0	方解石	1.5
云母	5.0	白云石	0.5
角闪石	5.0	磁铁矿	1.5
辉石	11.0	其他	4.9

——地学知识窗——

地质作用

地质作用，是指由于受到某种能量（外力、内力）的作用，从而引起地壳组成物质、地壳构造、地表形态等不断变化和形成的作用。按照作用力的来源不同，地质作用可分为外力地质作用和内力地质作用。

外力地质作用按作用方式分为风化作用、剥蚀作用、搬运作用、沉积作用和成岩作用。

内力地质作用分为构造运动、地震作用、变质作用和岩浆作用。

元素，又称化学元素，指自然界中一百多种基本的金属和非金属物质，它们只由一种原子（图1-1）组成，其原子中的每一核子具有同样数量的质子，用一般的化学方法不能使之分解，并且能构成一切物质。常见的元素有氢、氮和碳等。至2007年，总共发现118种元素，其中地球上存在94种。

图1-1　原子结构示意图

一、元素的起源

19世纪后半叶，俄国科学家门捷列夫（图1-2）建立了化学元素周期表，明确指出元素的基本属性是原子量（现称相对原子质量）。他认为元素之间的差别集

图1-2　门捷列夫

3

中表现在不同的原子量上。他提出应当区分单质和元素两个不同概念，例如在红色氧化汞中并不存在金属汞和气体氧，只是元素汞和元素氧，它们以单质存在时才表现为金属和气体。

二、元素周期表

元素周期表的发现，是近代化学史上的一个创举，对于促进化学的发展发挥了巨大的作用，它揭示了化学元素之间的内在联系，成为化学发展史上的重要里程碑之一。

通过这种列表方式，门捷列夫也预言了三种新元素及其有关性质。这三种元素随后陆续被发现，而它们的原子量、密度和有关性质都与门捷列夫的预言惊人地相符。随着新元素的探索发现和理论模型的发展，元素周期表不断得到补充和完善。

从理论上说，化学元素周期表还有很多元素需要补充，第七周期应有32种元素，而还未发现的第八周期应有50种元素。

元素周期表（图1-3）中共有118种元素。每一种元素都有一个编号；大小恰好等于该元素原子的核内质子数目，这个编号称为原子序数。

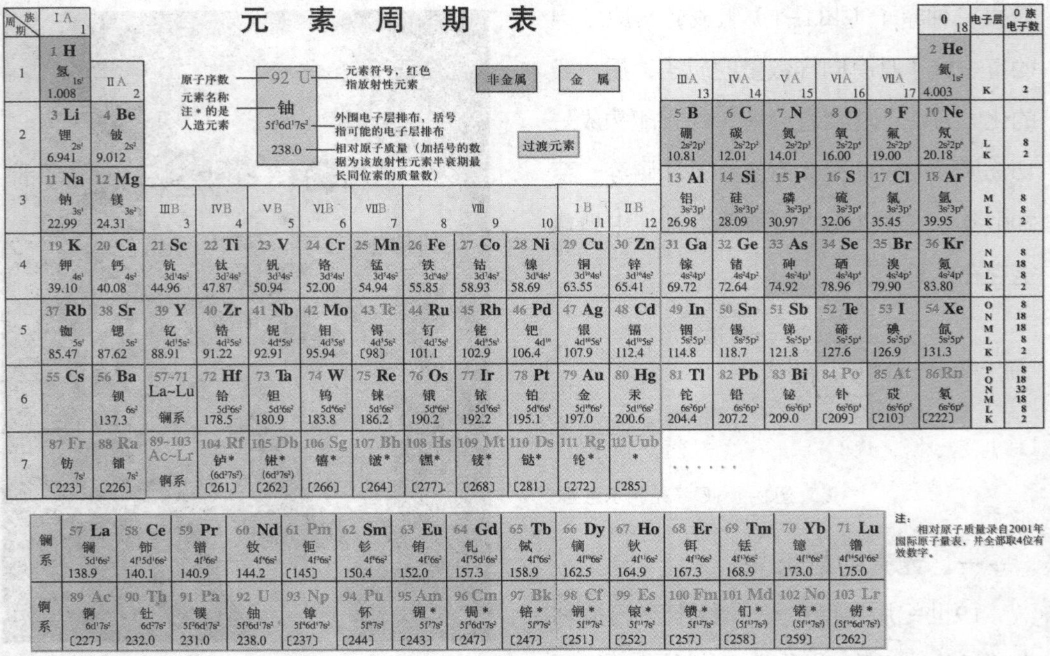

图1-3　元素周期表

4

原子的核外电子排布和性质有明显的规律性，科学家们将元素按原子序数递增的顺序排列，将电子层数相同的元素排成一横行，将不同横行中最外层电子数相同的元素排成一纵行。

元素周期表有7个横行，每一个横行叫作一个周期，也就有7个周期。这7个周期又可分成短周期（1、2、3）、长周期（4、5、6）和不完全周期（7）。元素周期表有18个纵行，除第8、9、10三个纵行叫作第Ⅷ族外，其余每个纵行为一族。

元素在周期表中的位置不仅反映了元素的原子结构，也显示了元素性质的递变规律和元素之间的内在联系。同一周期内，元素核外电子层数相同，从左到右，最外层电子数依次递增，原子半径依次递减（0族元素除外）；失电子能力逐渐减弱，得电子能力逐渐增强；金属性逐渐减弱，非金属性逐渐增强；元素的最高正化合价从左到右递增（没有正价的除外），最低负化合价从左到右递增（第1周期除外，第2周期的O、F元素除外）。

同一族中，由上而下，最外层电子数相同，核外电子层数逐渐增多，原子序数递增，元素金属性逐渐增强，非金属性逐渐减弱。同一族中的金属从上到下的熔点逐渐降低，硬度逐渐减小，同一周期的主族金属从左到右熔点升高，硬度增大。

随着社会生产力的发展和科学技术的进步，人们对元素的认识也在不断深入。

直到今天，人们对化学元素的认识过程也没有完结。当前化学中关于分子结构的研究，物理学中关于核粒子的研究等都在不断深入，可以预料它将带给我们对化学元素更多新的认识。

矿物晶体的结构和形态

矿物千姿百态，就其单体而言，它们的大小悬殊，有的用肉眼或用一般的放大镜就可观察（显晶），有的需借助显微镜或电子显微镜辨认（隐晶）；有的晶形完好，呈规则的几何多面体形态，有的呈不规则的颗粒，存在于岩石或土壤之中。

矿物单体间有时可以产生规则的连生，同种矿物晶体可以彼此平行连生，也可以按一定对称规律形成双晶，非同种晶体间的规则连生则称浮生或交生。

隐晶或胶态的矿物集合体常具有各种特殊的形态，如结核状（如磷灰石结核，图1-4）、豆状或鲕状（如鲕状赤铁矿，图1-5）、树枝状（如树枝状自然铜，图1-6）、晶腺状（如玛瑙，图1-7）、土状（如高岭石，图1-8）等。

一、晶质体和非晶质体

绝大部分矿物都是晶质体。所谓晶质体，就是离子、离子团或原子按一定规则重复排列而成的固体。如食盐的晶体格架是按正六面体（立方体）规律排列（图1-9）。不同的矿物，组成其空间格子的六面体的三个边长之比及其交角常不相同。因此，各种矿物具有多种多样的晶体构造。

在适当的环境里，例如有使晶质体生长的足够空间，则晶质体往往表现为一

▲ 图1-4 磷灰石结核

▲ 图1-5 鲕状赤铁矿

▲ 图1-6 树枝状自然铜

▲ 图1-7 玛瑙

▲ 图1-8 高岭石

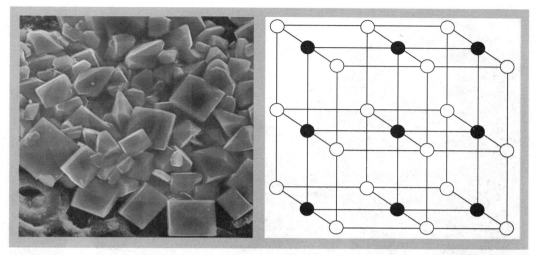

▲ 图1-9 食盐晶体及其结构

定的几何外形，即具有平整的面，称为晶面；晶面相交称为晶棱。这种具有良好几何外形的晶质体，通称为晶体。但是，大多数晶质体矿物由于缺少生长空间，许多个晶体在同时生长，结果互相干扰，不能形成良好的几何外形（图1-10）。实际

▲ 图1-10 生长空间受限的石英晶体

图1-11　天然沥青

上，晶质体和晶体除了外表形态有区别外，内部结构并无任何区别，所以二者概念基本相同。

　　有少数矿物呈非晶质体结构。凡内部质点呈不规则排列的物体都是非晶质体，如天然沥青（图1-11）、火山玻璃（图1-12）等。这样的矿物在任何条件下都不能表现出规则的几何外形。

二、晶形

　　在一定条件下（如晶体生长较快，生长能力较强，生长顺序较早，或有允许晶体生长的空间——晶洞、裂缝等），矿物可以形成良好的晶体。晶体形态多种多样，但基本可分成两类：一类是由同形等大的晶面组成的晶体，称为单形（图1-13），单形的数目有限，只有47种。一类是由两种以上的单形组成的晶体，称为聚形。聚形的特点是在一个晶体上具有大

图1-12　火山玻璃

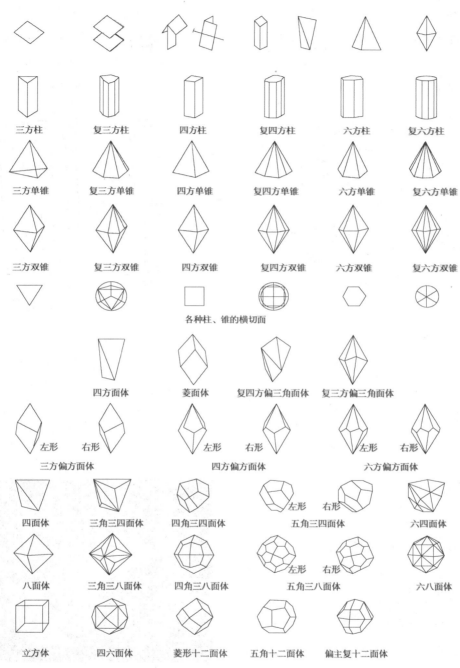

三方柱　复三方柱　四方柱　复四方柱　六方柱　复六方柱

三方单锥　复三方单锥　四方单锥　复四方单锥　六方单锥　复六方单锥

三方双锥　复三方双锥　四方双锥　复四方双锥　六方双锥　复六方双锥

各种柱、锥的横切面

四方面体　菱面体　复四方偏三角面体　复三方偏三角面体

左形　右形　　　左形　右形　　　左形　右形
三方偏方面体　　　　四方偏方面体　　　　六方偏方面体

四面体　三角三四面体　四角三四面体　五角三四面体　左形　右形　六四面体

八面体　三角三八面体　四角三八面体　五角三八面体　左形　右形　六八面体

立方体　四六面体　菱形十二面体　五角十二面体　偏主复十二面体

▲ 图1-13　47种常见的单形

9

小不等、形状不同的晶面。聚形千变万化，种类可以千万计。自然界晶体在结晶过程中因受各种条件的限制，往往形成不甚规则或不甚完整的晶形。

在自然晶体中，常发现两个或两个以上的晶体有规律地连生在一起，称为双晶。常见的双晶有三种类型（图1-14）：

接触双晶——由两个相同的晶体，

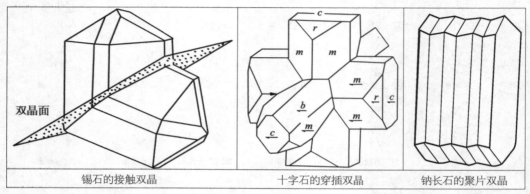

| 锡石的接触双晶 | 十字石的穿插双晶 | 钠长石的聚片双晶 |

△ 图1-14　三种双晶实例

以一个简单平面相接触而成。

穿插双晶——由两个相同的晶体，按一定角度互相穿插而成。

聚片双晶——由两个以上的晶体，按同一规律，彼此平行重复连生而成。

对于某些矿物来说，双晶是重要的鉴定特征之一。

三、结晶习性

虽然每种矿物都有它自己的结晶形态，但由于晶体内部构造不同，结晶环境和形成条件不同，以致晶体在空间（三个相互垂直方向）上发育的程度也不相同。在相同条件下形成的同种晶体经常所具有的形态，称为结晶习性。大体

可以分为三种类型：

有的矿物晶体，如石棉、石膏、辉锑矿等常形成柱状、针状、纤维状，即晶体沿一个方向特别发育，称一向延伸型（图1-15）。

△ 图1-15　针状的辉锑矿

有的矿物晶体，如云母、石墨、辉钼矿等常形成板状、片状、鳞片状，即晶体沿两个方向特别发育，称二向延伸型（图1-16）。

有的矿物晶体，如黄铁矿、石榴子石等常形成粒状、近似球状，即晶体沿三个方向特别发育，称三向延伸型（图1-17）。

▲ 图1-16　片状的云母

▲ 图1-17　粒状的石榴子石

矿物的结晶习性，对于鉴定矿物有重要作用，此外，还有些矿物晶体的晶面上常具有一定形式的条纹，称晶面条纹。如在水晶晶体的六方柱晶面上具有横条纹，在电气石晶体的柱面上具有纵条纹（图1-18），在黄铁矿的立方体晶面上具有互相垂直的条纹，在斜长石晶面上常有细微密集的条纹（双晶纹）。这些特征对于鉴定矿物也有一定意义。

▲ 图1-18　电气石晶体柱面上的纵条纹

矿物的物理性质

矿物的化学成分不同，晶体构造不同，因而表现出的物理性质也各不相同。

一、颜色

矿物具有各种颜色（图1-19），如赤铁矿、黄铁矿、孔雀石、蓝铜矿、黑云母等都是根据其颜色来命名的。因矿物本身固有的化学组成中含有某些色素离子而呈现的颜色，称为自色。具有自色的矿物，颜色大体固定不变。如矿物中含

▲ 图1-19　五颜六色的矿物

有Mn^{4+}，呈黑色；含有Mn^{2+}，呈紫色；含有Fe^{3+}，呈樱红色或褐色；含有Cu^{2+}，呈蓝色或绿色，等等。有些矿物的颜色，与本身的化学成分无关，而是因矿物中所含的杂质成分引起的，称为他色。如纯净水晶（SiO_2）是无色透明的，若其中混入微量不同的杂质，即可具有紫色、粉红色、褐色、黑色等。无色、浅色矿物常具他色，他色随杂质不同而改变，因此一般不能作为矿物鉴定的主要特征。有些矿物的颜色是由某些物理或化学原因而造成的。如片状集合体矿物常因光程差引起干涉色，称为晕色，如云母；容易氧化的矿物在其表面往往形成具一定颜色的氧化薄膜，称为锈色，如斑铜矿。

二、条痕

矿物粉末的颜色称为条痕（图1-20）。通常是利用条痕板（无釉瓷板），观察矿物在其上画出的痕迹的颜色。由于矿物的粉末可以消除一些杂质和物理方面的影响，所以比其颜色更为固定。有些矿物如赤铁矿，其颜色可能有赤红、黑灰等色，但其条痕则为固定的红棕色；有些矿物如黄金、黄铁矿，其外观颜色大体相同，但其条痕则相差很远，前者为金黄色，后者则为黑或黑绿色。因此，条痕在鉴定矿物上具有重要意义。

三、光泽

矿物表面的总光量或者矿物表面对光线的反射形成光泽。光泽有强有弱，主

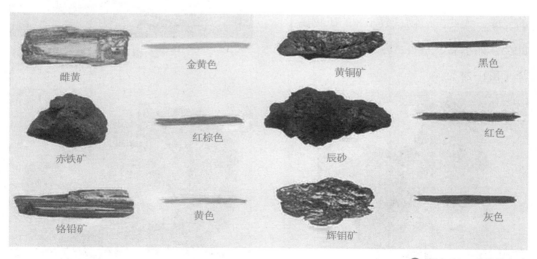

雌黄　金黄色　黄铜矿　黑色

赤铁矿　红棕色　辰砂　红色

铬铅矿　黄色　辉钼矿　灰色

▲ 图1-20　矿物的条痕

要取决于矿物对光线全反射的能力。光泽
可以分为以下几种：

1. 金属光泽

矿物表面反光极强，如同平滑的金
属表面所呈现的光泽。某些不透明矿物，
如黄铁矿、方铅矿等，均具有金属光泽
（图1-21）。

2. 半金属光泽

较金属光泽稍弱，暗淡而不刺眼。
如黑钨矿具有这种光泽（图1-22）。

3. 非金属光泽

是一种不具有金属感的光泽，又可
分为：

（1）金刚光泽——光泽闪亮耀眼。
如金刚石、闪锌矿等的光泽（图1-23）。

（2）玻璃光泽——像普通玻璃一样
的光泽。大约占矿物总数70%的矿物属于
此类，如水晶、萤石、方解石等具有的光
泽（图1-24）。

▲ 图1-22　黑钨矿的半金属光泽

▲ 图1-23　金刚石的金刚光泽

▲ 图1-21　黄铁矿的金属光泽

▲ 图1-24　萤石的玻璃光泽

此外，由于矿物表面的平滑程度或集合体形态的不同而形成一些特殊的光泽。有些矿物（如玉髓、玛瑙等），呈脂肪光泽（图1-25）；具片状集合体的矿物（如白云母等），常呈珍珠光泽（图1-26）；具纤维状集合体的矿物（如石棉及纤维石膏等），则呈丝绢光泽（图1-27）；而具粉末状的矿物集合体（如高岭石等），则暗淡无光，或称土状光泽（图1-28）。

四、透明度

指光线透过矿物多少的程度。矿物的透明度可以分为3级：

（1）**透明矿物**：矿物碎片边缘能清晰地透见他物，如水晶、冰洲石等（图1-29）。

▲ 图1-25　玉髓的脂肪光泽

▲ 图1-26　白云母的珍珠光泽

▲ 图1-27　石棉的丝绢光泽

▲ 图1-28　高岭石的土状光泽

▲ 图1-29　透明的冰洲石

15

（2）**半透明矿物**：矿物碎片边缘可以模糊地透见他物或有透光现象，如辰砂、闪锌矿等（图1-30）。

（3）**不透明矿物**：矿物碎片边缘不能透见他物，如黄铁矿、磁铁矿、石墨等（图1-31）。

一般来说，矿物的透明度与矿物的大小厚薄有关。大多数矿物标本或样品，表面看是不透明的，但碎成小块或切成薄片时，却是透明的，因此不能认为是不透明的。

透明度又常受颜色、包裹体、气泡、裂隙、解理以及单体和集合体形态的影响。例如无色透明矿物，如其中含有众多细小气泡就会变成乳白色；又如方解石颗粒是透明的，但其集合体就会变成不完全透明，等等（图1-32）。

▲ 图1-30　半透明的辰砂

▲ 图1-31　不透明的石墨

▲ 图1-32　透明的方解石晶体和不完全透明的方解石集合体

五、硬度

硬度指矿物抵抗外力刻划、压入、研磨的程度。根据硬度高矿物可以刻划硬度低矿物的道理，德国莫氏（F.Mohs）选择了10种矿物作为标准，将硬度分为10级，这10种矿物称为"莫氏硬度计"（表1-2，图1-33）。莫氏硬度计只代表矿物硬度的相对顺序，而不是绝对硬度的等级，如果根据力学数据，滑石硬度为石英的1/3 500，而金刚石硬度为石英

表1-2　　　　　　　　　　　莫氏硬度计

硬度等级	代表矿物	硬度等级	代表矿物
1	滑石	6	正长石
2	石膏	7	石英
3	方解石	8	黄玉
4	萤石	9	刚玉
5	磷灰石	10	金刚石

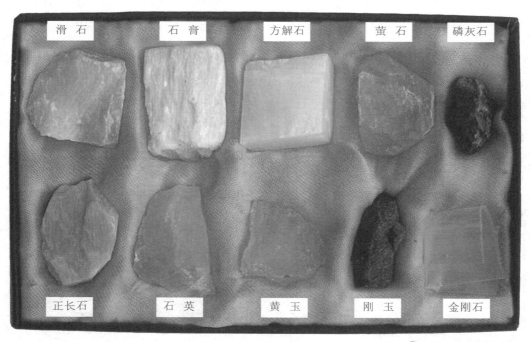

▲ 图1-33　莫氏硬度计

的1 150倍。尽管如此，利用莫氏硬度计测定矿物的硬度是很方便的。例如将待测定的矿物与硬度计中某矿物（假定是方解石）相刻划，若彼此无损伤，则硬度相等，即可定为3；若此矿物能刻划方解石，但不能刻划萤石，相反却为萤石所刻划，则其硬度当在3~4之间，因此可定为3.5。

在野外工作中，还可利用指甲（硬度2~2.5）、小钢刀（硬度5~5.5）等来代替硬度计。据此，可以把矿物硬度粗略分成软（硬度小于指甲）、中（硬度大于指甲，小于小刀）、硬（硬度大于小刀）三等。

测定硬度时必须选择新鲜矿物的光滑面试验，才能获得可靠的结果。同时，要注意不要混淆刻痕和粉痕（以硬刻软，留下刻痕；以软刻硬，留下粉痕）。

六、解理

在力的作用下，矿物晶体按一定方向破裂并产生光滑平面的性质叫作解理。沿着一定方向分裂的面叫作解理面。解理是由晶体内部格架构造所决定的。例如石墨，在不同方向上，碳原子的排列密度和间距互不相同，如图1–34所示，竖直方向的质点间距等于水平方向的质点间距的2.5倍。质点间距越远，彼此作用力越小，所以石墨具有一个方向的解理，即一向解理。

有的矿物具有二向、三向、四向或六向解理，如食盐具有三个方向的解理，萤石具有四个方向的解理。不同的矿物，解理程度也常不一样。在同一种矿物上，不同方向的解理也常表现不同的程度。根据劈开的难易和肉眼所能观察的程度，

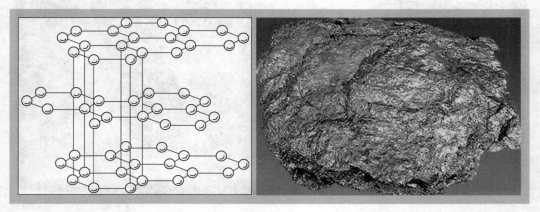

▲ 图1–34　石墨的晶体结构和天然标本

——地学知识窗——

矿物的相对硬度与绝对硬度

矿物硬度一般用两种方法表示，一个是相对硬度，一个是绝对硬度。

相对硬度：即莫氏硬度，也是我们常常所用的硬度。由于相对硬度用起来很方便，所以一般所说的矿物硬度是指相对硬度。各级之间硬度的差异不是均等的，等级之间只表示硬度的相对大小。

绝对硬度：是用实际理论数据来衡量矿物硬度的一种方法，大致可分为刻划法、静压入法、动压入法、研磨法、弹跳法和摇摆法等。目前应用最广的是维氏硬度，它是一种压入硬度，以120 kg以内的载荷和顶角为136°的金刚石方形锥压入器压入矿物表面，用矿物压痕凹坑的表面积除以载荷值，即为维氏硬度值（HV），来衡量硬度大小。

解理可分为下列等级：

（1）**最完全解理**：矿物晶体极易裂成薄片，解理面较大而平整光滑，如云母、石膏等（图1-35）。

（2）**完全解理**：矿物易裂成平滑小块或薄板，解理面相当光滑，如方解石、石盐等（图1-36）。

▲ 图1-35 云母的最完全解理

▲ 图1-36 方解石的完全解理

（3）中等解理：解理面往往不能一劈到底，不很光滑，且不连续，常呈现小阶梯状，如普通角闪石、普通辉石等（图1-37）。

（4）不完全解理：解理程度很差，在大块矿物上很难看到解理，只在细小碎块上才可看到不清晰的解理面，如磷灰石等（图1-38）。

（5）极不完全解理（无解理）：如石英、磁铁矿等（图1-39）。

对具有解理的矿物来说，同种矿物的解理方向和解理程度总是相同的，性质很固定，因此，解理是鉴定矿物的重要特征之一。

七、断口

矿物受力破裂后所出现的没有一定方向的不规则的断开面叫作断口。断口出现的程度是跟解理的完善程度互为消长的，即一般说来，解理程度越高的矿物越不易出现断口，解理程度越低的矿物越容易形

▲ 图1-37　普通辉石的中等解理

▲ 图1-38　磷灰石的不完全解理

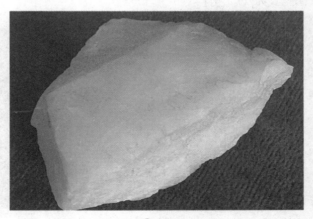

▲ 图1-39　石英的极不完全解理

成断口。根据断口的形状，可以分为贝壳状断口（图1-40）、锯齿状断口（图1-41）、参差状断口（图1-42）、平坦状断口（图1-43）等。其中最常见的是在石英、火山玻璃上出现的具同心圆纹的贝壳状断口。一些自然金属矿物则常出现尖锐的锯齿状断口。

八、脆性和延展性

矿物受力极易破碎，不能弯曲，称为脆性。这类矿物用刀尖刻划即可产生粉末。大部分矿物具有脆性，如方解石。矿物受力发生塑性变形，如锤成薄片、拉成细丝，这种性质称为延展性。这类矿物用小刀刻划不产生粉末，而是留下光亮的刻痕，如金、自然铜等。

九、弹性和挠性

矿物受力变形、作用力失去后又恢复原状的性质，称为弹性。如云母，屈而

△ 图1-40　贝壳状断口

△ 图1-41　锯齿状断口

△ 图1-42　参差状断口

△ 图1-43　平坦状断口

能伸，是弹性最强的矿物。矿物受力变形、作用力失去后不能恢复原状的性质，称为挠性。如绿泥石，屈而不伸，是挠性明显的矿物。

十、比重

矿物重量与4℃时同体积水的重量比，称为矿物的比重。矿物的化学成分中若含有原子量大的元素，或者矿物的内部构造中原子或离子堆积比较紧密，则比重较大，反之则比重较小。大多数矿物比重介于2.5～4；一些重金属矿物常在5～8之间；极少数矿物可达20以上。

十一、磁性

少数矿物具有被磁铁吸引或本身能吸引铁屑的性质，如磁铁矿、钛磁铁矿等。一般用马蹄形磁铁或带磁性的小刀来测验矿物的磁性。

十二、荷电性

矿物在外部能量作用下，能激起矿物晶体表面荷电的性质，称为矿物的荷电性。有些矿物受热生电，称热电性，如电气石；有的矿物在压力和张力的交互作用下产生电荷效应，称为压电效应，如压电石英。压电石英已被广泛应用于现代电子

——地学知识窗——

矿物晶体标本特性

1.科学属性：矿物标本都是经过了千万年、上亿年漫长的地质作用衍生出来的，具有极高的科学研究价值。

2.自然美：矿物标本是大自然的精华，色彩斑斓、晶莹剔透，极具观赏价值。

3.稀有性：矿物很多，但矿物标本不多。仅有1%的矿山能发现矿物晶体标本，其中储藏矿物晶体的晶洞只有1%能够被完整地开采出来，其余的被人为毁坏或没有被发现。

4.不可复制：矿物标本是千万年自然结晶形成的，具有不可再生性。

5.本身价值：一些贵金属标本和宝石标本，如自然金、自然银、海蓝宝、祖母绿等本身就具有较高的市场价值。

信息产业的各领域。

十三、发光性

有些矿物在外部能量的激发下发出可见光，在外界作用消失后停止发光，称为荧光。如萤石加热后产生蓝色荧光，白钨矿在紫外线照射下产生天蓝色荧光，金刚石在X射线照射下亦发出天蓝色荧光。有些矿物在外界作用消失后还能继续发光，称为磷光，如磷灰石。利用发光性可以探查某些特殊的矿物（*如白钨矿*）。

十四、其他性质

有些矿物具有易燃性，如自然硫；有些矿物易溶于水，具有咸、苦、涩等味道，如石盐；有些矿物具有滑腻感，如滑石；有些矿物受热或燃烧时会产生特殊的气味。

矿物的化学组成

一、地壳的化学组成

化学元素是组成矿物的物质基础。地壳中各种元素的平均含量（*克拉克值*）不同，氧、硅、铝、铁、钙、钠、钾、镁八种元素就占了地壳总重量的97%以上，其中氧约占地壳总重量的一半（46%），硅占地壳总重量的1/4以上（27%）。故地壳中上述元素的氧化物和含氧盐（*特别是硅酸盐*）矿物分布最广，它们构成了地壳中各种岩石的主要组成矿物。其余元素相对而言虽微不足道，但由于它们的地球化学性质不同，有些趋向聚集，有的趋向分散。某些元素如锑、铋、金、银、汞等克拉克值很低，均在千万分之二以下，但仍聚集形成独立的矿物种，有时并可富集成矿床；而某些元素如铷、镓等的克拉克值虽远高于上述元素，但趋于分散，不易形成独立矿物种，一般仅以混入物形式分散于某些矿物之中。

二、矿物的化学成分

1. 矿物的化学组成类型

每种矿物都有一定的化学成分，大致可分为以下几种类型：

（1）**单质矿物**：基本上是由一种自然元素组成的，如金、石墨、金刚石等。在自然界里这样的矿物数量不多。

（2）**化合物**：自然界中的矿物绝大多数都是化合物，但化合物是多种多样的，按组成情况又可分为：

①成分相对固定的化合物

这种矿物的化学组成是固定的，但其中往往含有或多或少的杂质或混入物，因此又带有一定的相对性。可分为以下几种：

简单化合物——由一种阳离子和一种阴离子化合而成，成分比较简单，例如，石盐$NaCl$、方铅矿PbS等。

络合物——由一种阳离子和一种络阴离子组合而成，为数最多，常形成各种含氧盐矿物，如方解石$CaCO_3$、硬石膏$CaSO_4$等。

复化物——大多数复化物是由两种以上的阳离子和一种阴离子或络阴离子构成，如铬铁矿$FeCr_2O_4$和白云石$CaMg（CO_3）_2$。也有些阳离子是共同的，而阴离子是双重的，如孔雀石$CuCO_3·Cu（OH）_2$。还有阳离子和阴离子都是双重的，但比较少见。

②成分可变的化合物

这种化合物成分不是固定的，而是在一定范围内或以任一比例发生变化。这种化合物主要是由类质同象引起的。所谓类质同象是指在结晶格架中，性质相近的离子可以互相顶替的现象。互相顶替的条件是：离子半径相差不大，离子电荷符号相同，化合价相同。例如镁橄榄石Mg_2SiO_4，由于Mg^{2+}和Fe^{2+}都是二价阳离子，且二者离子半径相近，因此其中的Mg^{2+}经常可以被Fe^{2+}所置换，但并不破坏其结晶格架。这样，就使在纯Mg_2SiO_4和纯Fe_2SiO_4之间，出现含二者百分比不同的过渡类型。

类质同象中离子置换又有两种情况：一是互相置换的离子电价相等，如Mg^{2+}、Fe^{2+}、Ni^{2+}、Zn^{2+}、Mn^{2+}等或者Fe^{3+}、Cr^{3+}、Al^{3+}等，称为等价类质同象。二是几种离子同时置换，置换的离子电价各异，但置换后的总电价必须相等。

如斜长石是钠长石$NaAlSi_3O_8$和钙长石$CaAl_2Si_2O_8$的类质同象系列，其置换方式是Na^+和Ca^{2+}互相置换，Si^{4+}和Al^{3+}互相置换。有的组分是在一定限度内进行离子置换，称为不完全类质同象。如闪锌矿ZnS中的Zn^{2+}可以被Fe^{2+}所置换，但一般不超过20%。有的没有一定限制，即两种组分可以以任何比例进行离子置换，形成一个连续的类质同象系列，称为完全类质同象。如$NaAlSi_3O_8$和$CaAl_2Si_2O_8$即可形成完全类质同象系列。这种系列，一般是根据两种组分的百分比而划分出不同的矿物亚种。

类质同象是矿物中一个非常普遍的现象，是造成矿物中含有杂质的主要原因之一，也是许多稀散元素在矿物中存在的主要形式。

具有类质同象的矿物分子式，一般将类质同象互相置换的元素用括号括在一起，中间用逗号分开，把含量高的放在前边。络阴离子团用方括号括起来。如橄榄石是（Mg，Fe）$_2[SiO_4]$，黑钨矿是（Fe，Mn）$[WO_4]$。有时不加括号，写成一般化学式。

（3）含水化合物：一般指含有H_2O和OH^-、H^+、H_3O^+离子的化合物。又可分为吸附水和结构水两类。

吸附水是渗入到矿物或矿物集合体中的普通水，呈H_2O分子状态，含量不固定，不参加晶格构造。这种水可以是气态的，形成气泡水；也可以是液态的，或者包围矿物的颗粒形成薄膜水，或者填充在矿物裂隙及矿物粉末孔隙中形成毛细管水，或者以微弱的联结力依附在胶体粒子表面上形成胶体水，如蛋白石即为一种含不固定胶体水的矿物，化学式为$SiO_2 \cdot nH_2O$。在常压下，当温度达到$100 \sim 110℃$或更高一点时，吸附水就可从矿物中全部逸出。

结构水是参加矿物晶格构造的水，其中一类叫结晶水，这种水以H_2O分子形式并按一定比例和其他成分组成矿物晶格，如石膏（$CaSO_4 \cdot 2H_2O$）含2个结晶水。结晶水在一定热力条件下可以脱水，脱水后矿物晶格结构被破坏了，其物理性质也会发生改变。如石膏加热至$100 \sim 120℃$时水分开始逸出，变为性质不同的熟石膏。不同的含结晶水矿物，其失水温度是一定的，这种特性有助于了解矿物的形成温度。结晶水逸出的温度多为100～200℃，一般不超过600℃。另一类是介于结晶水和吸附水之间过渡性质的水，如黏土矿物之一的胶岭石$\{Mg_2[Si_4O_{10}](OH)_2 \cdot nH_2O\}$是具有层状格架的矿物，水分可以进入层间，使层状格架间距加大；也可排出水分，使格架间距缩小，因此胶岭石具有吸水体积膨胀的特性，这种水就是层间水。还有一类是狭义的结构水，这种水是以OH^-、H^+、H_3O^+离子形式参与矿物晶格，如高岭石$\{Al_4[Si_4O_{10}](OH)_8\}$、天然碱$[Na_3H(CO_3)_2 \cdot 2H_2O]$、水云母$\{(K, H_3O)Al_2[AlSi_3O_{10}](OH)_2\}$等。这种水与结构联系紧密，需要在较高温

下，在600～1 000℃时才能使晶格破坏，使水分逸出。在一种矿物中可以同时存在几种形式的水。

2. 矿物的同质多象现象

同一化学成分的物质，在不同的外界条件（温度、压力、介质）下，可以结晶成两种或两种以上的不同构造的晶体，构成结晶形态和物理性质不同的矿物，这种现象称同质多象。在矿物中，同质多象相当普遍，例如碳（C）在不同的条件下所形成的石墨和金刚石，二者成分相同，但结晶形态和物理性质相差悬殊（表1-3）。

掌握同质多象的规律，对于确定矿

表1-3　　　　　　　　碳素同质二象变体的比较

结晶形成和物理性质	金刚石	石　墨
晶　系	等轴	六方
形　态	八面体	六方片状
颜　色	无色	黑色，钢灰色
透明度	透明	不透明
硬　度	10	1
比　重	3.47～3.56	2.09～2.23
光　泽	金刚光泽	金属光泽
导电性	半导体	良导体

——地学知识窗——

晶 系

晶体根据其在晶体理想外形或综合宏观物理性质中呈现的特征对称元素，可划分为立方、六方、三方、四方、正交、单斜、三斜等7类，是为7个晶系，分属于3个不同的晶族。高级晶族中只有一个立方晶系；中级晶族中有六方、四方和三方三个晶系；低级晶族中有正交、单斜和三斜三个晶系。各晶系的晶胞类型一般用晶胞参数a、b、c和α、β、γ表示。其中a、b和c是晶胞三个边的长度，习惯上叫轴长，α、β和γ叫轴角，它们分别是b和c、a和c、a和b的夹角。

物的形成温度具有一定意义。许多同质多象矿物的变体，被称为矿物学温度计。例如，α-石英（三方）和β-石英（六方）在常压条件下的转变温度为573℃。压力的变化对同质多象的转变也有影响，如在3 000个大气压条件下，α-石英和β-石英的转变温度则为644℃。介质的成分、杂质、酸碱度等对同质多象变体的形成也有一定影响。例如，FeS_2在相同温度和压力下，在碱性介质中生成黄铁矿（等轴），而在酸性介质中则生成白铁矿（斜方）。由此可见，研究同质多象有助于研究矿物形成的环境。

3. 胶体矿物

地壳中分布最广的除去各种晶体矿物外，还有些是胶体矿物。一种物质的微粒分散到另一种物质中的不均匀的分散体系称为胶体。前者称为分散相，其大小为1～100 nm；后者称为分散媒。在胶体分散体系中，当分散媒多于分散相时称为胶溶体；若相反则称为胶凝体。在自然界分布最广的是某些细微固体质点分散到水中所成的胶溶体，即所谓胶体溶液。这些固体质点的最大特点是常常带有正或负电荷。如$Fe(OH)_2$、$Al(OH)_3$的分散颗粒带正电荷，SiO_2、MnO、硫化物等的分散颗粒带负电荷。这些胶体质点的另一特点是因其带电而具有吸附作用，即从周围环境中吸附大量带异性电荷的离子，这种特性虽然使某些胶体矿物常含有很多其他成分或杂质，但也往往形成钴、镍等重要沉积矿产。这些带电胶体质点的第三个特点是当其电荷被中和时，如河流中的胶体质点进入海洋就被海水中的电解质所中和，即发生凝聚而沉淀（也可叫胶凝作用），并富集成矿。这样形成的矿物实际上是胶体溶液失去大部分水分而成的胶凝体，也就是所说的胶体矿物。如 SiO_2、$Fe(OH)_3$ 等胶体溶液失水胶凝后，即可形成蛋白石、褐铁矿等。

胶体矿物在形态上一般呈鲕状、肾状、葡萄状、结核状、钟乳状和皮壳状等，表面常有裂纹和皱纹，这是由于胶体失水引起的。在结构上，可以是非晶质的、隐晶质的或显晶质的，这决定于胶体的晶化程度。在化学成分上往往含有较多的水，并且成分不很固定，其原因是胶体的吸附作用和离子交换所引起的。

矿物的分类

由于矿物种类繁多，在矿物学的发展过程中有许多的分类方案。但目前矿物界普遍采用的是晶体化学分类法，它把矿物的化学成分与其内部的晶体结构联系起来，可以阐明二者间的相互关系及其与矿物的外部形态、物理性质等特性之间的关系。

晶体化学分类法是将不同矿物依次归纳为：大类、类（亚类）、族（亚族）、种（亚种）。矿物的种是分类的基本单元，大类和类是主要以矿物的化学组成划分，凡同一类或亚类中具有相同晶体结构类型的矿物即归为一个族（表1-4）。

表1–4　　　　　　　　　矿物晶体化学分类

大类	类	亚类	族（例）	亚族（例）	矿物（例）
自然元素	自然金属				自然金等
	自然半金属				自然铋等
	自然非金属				金刚石等
硫化物及其类似化合物	单硫化物		辉银矿族		辉银矿
	复硫化物		黄铁矿—白铁矿族		黄铁矿
	硫盐		黝铜矿族		黝铜矿等
氧化物和氢氧化物	氧化物		赤铜矿族		赤铜矿
	氢氧化物		水镁石族		水镁石
含氧盐	硅酸盐	岛状硅酸盐	锆石族		锆石
		层状硅酸盐	云母族	白云母亚族	白云母等
		链状硅酸盐	辉石族	斜方辉石亚族	紫苏辉石等
		架状硅酸盐	长石族	斜长石亚族	钠长石
		环状硅酸盐	绿柱石族		绿柱石
	碳酸盐		方解石—文石族	方解石亚族	方解石等
	硫酸盐		重晶石族		重晶石等
	磷酸盐		磷灰石族		磷氯铅矿等
	砷酸盐				砷铅矿等
	钒酸盐				钒铅矿等
	硼酸盐		硼镁石族		硼镁石等
	铬酸盐		铬铅矿族		铬铅矿等
	钨酸盐		白钨矿族		白钨矿等
	钼酸盐		钼铅矿族		钼铅矿等
	硝酸盐		钠硝石族		钠硝石等
卤化物	氟化物		萤石族		萤石
	氯化物、溴化物、碘化物		石盐族		石盐

矿物的命名方法

据最新的统计，目前世界上的矿物种属已经将近4 000种了。矿物学家把这些矿物按照一定的原则进行了分类。有的根据矿物本身的特征来命名，有的则以发现该矿物的地点、人或研究学者的名字来命名，也有为纪念某人而以其名字命名的。但大部分是以矿物的特征来命名的，这有助于人们熟悉矿物的主要成分和性质。虽然原则不同，分出的类别不同，但每一种具体矿物都有相应的名称。在国际上，有一个专门机构叫"新矿物及矿物命名委员会"，它负责新矿物的审定及其命名工作，我国也有一个相应的分支机构。需要说明的是，每一种矿物只有一个正式的名称，但和人的名字有小名、别名之分一样，有的矿物也有其他名字，甚至有曾用名。

一、中国古代矿物命名趣谈

在现有的中文矿物名称中，有一小部分是我国古代人民所创造且沿用至今的。大家可以顾名思义知道这些名称的含义，下面列举几个这方面的例子。

硼砂　如果矿物名称中含"砂"，表明这类矿物往往以细小颗粒形式存在，而硼则说明了矿物中含硼的成分特点。实际上，硼砂就是一种硼酸盐矿物，经常以细小颗粒形式存在于干旱地区。

胆矾　"矾"在矿物名称中特指那些易溶于水的物质，这里的"胆"则"以色味命名"。胆矾是一味矿物药，古代常作为涌吐药，服后会引起呕吐，因此不难理解胆矾的含义。胆矾是一种含水的硫酸铜矿物，易溶于水。

雄黄和雌黄　这两个名字都是我国古人所起，两者常常共生在一起，化学成分分别为As_4S_4和As_2S_3，雄黄为橘红色，雌黄呈亮黄红色。现代人对此名字的区别从两方面理解：一是雄黄的阳离子（As离子）的比例较雌黄多，或者说雌黄的阴离子（S离子）含量比雄黄多；二是雄黄的颜色比雌黄更深一些。虽然这样的理解很值得推崇，但雄黄和雌黄的名称来源却是"雄黄生山之阳，是丹之雄，故名雄黄也"，雌黄则是"生山之阴，故曰雌黄"。

滑石　滑石的命名显然来自于其"脂膏滑腻"的特性，用科学语言说就是硬度很低，其硬度为1，是最软的矿物之一。古代也称之为"画石"，也是因为其硬度低，"其软滑可以写画也"。

云母　云母是一类常见的层状硅酸盐矿物，其名字带有明显的中国古代色彩。按照《荆南志》云："华容方台山出云母，土人候云所出之处，于下掘取，无不大获，有长五六尺可为屏风者。"所以古人认为"此石乃云之根，故得云母之名"。现在，云母这个名称指的是一类矿物，包括了黑云母、白云母、金云母等。

方解石　顾名思义，方解石被敲破以后，块块方解，因此得名。这番解释说明了方解石的解理特性，敲击方解石，其碎块均呈菱面体样的块状形态。方解石是常见的矿物，化学组成为$CaCO_3$，我们常见的钟乳石和石钟乳都是由它们组成的，只是结晶的颗粒非常细小，显现不出"块块方解"的性质而已。

石膏　石膏不仅可以用来"点豆腐"，也可以入药，它是一味治疗寒热、逆气的矿物药，化学组成为含水硫酸钙。其名称来源可能与古人炼丹有关。古文记载，石膏"火煅细研醋调，封丹灶，其固密甚于膏脂"，可能石膏的名称就是这样得来的。

还有一些古代矿物的名称，它们看起来和现在的名称无异，但所指的具体矿物则迥然不同。例如，现在我们说的自然铜，指的是Cu这样的单质，而古代所说的"自然铜"则指的是黄铁矿或者黄铜矿。又比如，现在的长石是一类架状硅酸盐矿物的总称，包含很多种属，而古代所称的长石却是我们现在说的硬石膏。还有就是古代的紫石英，也不是指紫颜色的水晶，而是指现在的萤石（CaF_2）。

二、现代矿物命名法

其实，现在的许多矿物名称也多数沿用了古代矿物名称的字尾，如"石""矿""玉""晶""砂""华""矾"等。一般非金属矿物的名称用"石"

为字尾，如滑石、方解石、磷灰石等；金属矿物名称字尾用"矿"，如闪锌矿、方铅矿、黄铁矿、黄铜矿等；可能作为宝石的矿物名称字尾用"玉"，如刚玉、黄玉、硬玉等；透明的晶体矿物叫"晶"，如水晶、黄晶、冰晶石等；经常以细小颗粒出现的矿物名称用"砂"，如硼砂、辰砂、卤砂等；在地表附近形成且呈松散状的矿物叫"华"，如锑华、锡华等；易溶于水的矿物用"矾"，如胆矾、明矾、黄钾铁矾等。矿物的命名原则主要有：

（1）**以物理性质命名**：矿物的物理性质涉及了多个方面，如颜色、比重、磁性、电性、解理等，我们能找到很多以上述物理性质而命名的矿物。例如，黄晶、黑钨矿、橄榄石等都是以颜色而命名；重晶石、毒重石则说明这些矿物比重较大；具有磁性的矿物如磁铁矿、磁黄铁矿、磁赤铁矿等，从名称中就可反映出其具有磁性的特点；在电学性质方面，如电气石是因为具有热电性而得名；相当一部分矿物具有很好的解理，所以反映解理特点的矿物名称也不少，如方解石、钡解石等；又如一种叫臭葱石的矿物，则是因为敲击矿物时其可发出葱臭味道而命名的。

（2）**结合两种特点命名**：很多矿物名称中其实包含了若干种物理性质、成分或形态的特点。例如，闪锌矿就是以其闪闪发亮的光泽，且成分以锌为主而得名；像方铅矿、菱镁矿、菱锌矿等名称则既体现了其形态的特点，又反映了其化学成分的特点；而像黄铜矿、黄铁矿、赤铁矿等则是反映了颜色和成分的特点；而红柱石、绿柱石等名称则体现了颜色和形态这两方面的特点。

（3）**以地名命名**：这类矿物名称多用于纪念该矿物的发现地。例如，香花石是新中国成立后首次发现的新矿物，发现地为湖南香花岭，因此得名；包头矿是1960年在内蒙古包头地区发现的一种硅酸盐矿物；峨眉矿是以旅游胜地峨眉山命名的；黄河矿则是以纪念中华母亲河而命名的。

（4）**以人名命名**：以人名命名的矿物也为数不少，如袁复礼石、彭志忠石便是为纪念我国著名的地质学家和矿物学家袁复礼、彭志忠而命名的。章氏硼镁石也是一例，是为纪念我国地质学前辈章鸿钊先生而命名的。

上面所谈及的是矿物命名的一些基本原则以及我国所使用的一些固有名称，

还有更多的矿物名称则是从不同外文名称转译而来的。尽管大部分译名是改用化学成分重新命名的。例如钙钛矿，从名称中可知此矿物主要含Ca和Ti，其英文名称为perovskite（**英文矿物名称往往带有-ite的后缀**），是为纪念俄罗斯地质学家Perovsk而命名的。但也有少部分保留了原始的含义或者只是进行了简单的音译。例如，借用日文中汉字名称的矿物绿帘石、天河石、冰长石等都属于这类；简单音译的矿物名也很多，如贝塔石来自英文betafite，布拉格矿来自英文Braggite（Bragg父子是著名的晶体矿物学家），迪开石（dickite）和伊利石（illite）也均是音译而来。

事实上，从中文名称到英文名称一般都比较规范，就是按照汉语拼音进行。例如，阿山矿的英文为ashanite，道马矿为daomanite等。但外文矿物名称的中译则比较混乱，除了上述的简单音译、根据成分特点重新命名外，还可根据矿物的类别命名。例如，clintonite这个名称看上去与美国前总统Clinton的姓相同，但其中文译名不是"克林顿石"或"克林顿矿"，而是叫绿脆云母，因为此矿物属于脆性云母的类别，且往往呈现出绿色的缘故。

还有相当多的矿物并不能在其中文和外文名称之间看出明显的关系，其中文名称的来源也有待考证。这类的例子如暧昧石（griphite）、独居石（monazite）、光卤石（carnallite）、海泡石（glauconit）、鸟粪石（struvite）、宁静石（tranquillityite）等。好在国际和各国的"新矿物及矿物命名委员会"经常会对繁多的矿物名称进行清理和修订，这样就有统一和标准的矿物名称可以遵守了。部分矿物的命名方法及举例如表1-5所示。

表1-5 矿物命名方法及举例

命名依据	举 例
化学成分	自然金、钛铁矿、钨锰矿、银金矿
物理性质	方解石（解理）、重晶石（密度）、橄榄石（颜色）
形状	石榴子石、十字石、方柱石
化学成分+物理性质	方铅矿、磁铁矿、黄铜矿
形状+颜色	绿柱石、红柱石
地名	香花石、高岭石、包头矿、湖北石
人名	张衡矿、袁复礼石、彭志忠石

——地学知识窗——

全球著名矿物晶体展

全世界最著名的矿物晶体展是美国图森矿物晶体展，其次是德国慕尼黑矿物晶体展、法国圣玛丽矿物晶体展。当然，日本、中国均有矿物晶体展。

美国图森矿物晶体展：迄今为止世界上规模最大、影响最广的矿物展览。很多在展览上陈列的精美的矿物标本，不仅仅是为了出售，更多的是为标本所属的博物馆、知名收藏家、经销商、专家和初期收藏者展示竞争力提供机会，许多精美的收藏通过在这里展示而扬名国际。

德国慕尼黑矿物晶体展：每年秋季举办，是全世界的矿物晶体供货商、收藏家，以及珠宝原石的供货商的盛会。

法国圣玛丽矿物晶体展：欧洲夏季顶级的矿物、宝石、化石展，每年6月末在阿尔萨斯的一个小镇——圣玛丽举行。

东京国际矿物晶体展：是亚洲最早的，也是当今亚洲人气最旺的矿物专业展。它的英文名称是Tokyo International Mineral Fair。该展览的时间是每年6月的第一个双休日再加前后一两天，一共为5天。

中国矿物晶体展：上海市着力打造的国际大都市名片之一，已连续举办了多年。

揭秘矿物成因

矿物是自然界中各种地质作用的产物。根据其性质和能量来源，形成矿物的

地质作用分为内生地质作用、外生地质作用和变质作用三种。

形成矿物的方式有气态变为固态、液态变为固态、固态变为固态三种。

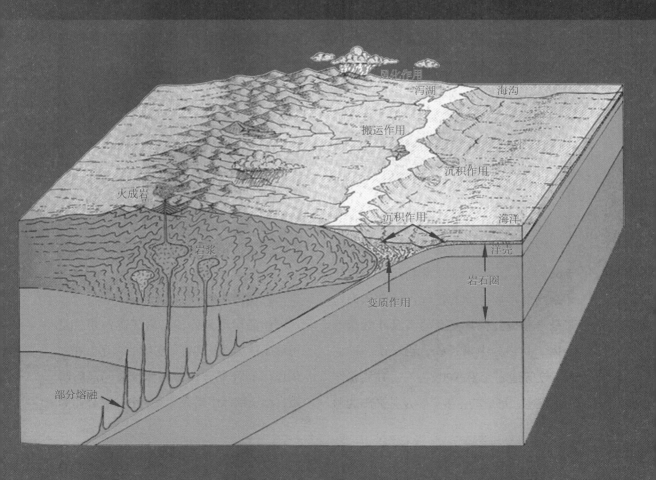

形成矿物的地质作用

一、内生地质作用

内生地质作用主要是指由地球内部热能（包括放射性元素的蜕变能、地幔及岩浆的热能、地球重力场中物质调整过程中释放出来的势能等）导致矿物形成的各种地质作用。除了到达地表的部分火山作用外，其他各种内生地质作用是在地壳内部，即在较高的温度和压力条件下进行的。内生地质作用包括岩浆作用、伟晶作用、热液作用、接触交代作用、火山作用等。

1. 岩浆作用

岩浆作用是指从地壳深处高温（大于650℃）、高压的岩浆中直接冷却分异结晶而形成矿物的过程。通常认为岩浆是一种成分极其复杂的高温硅酸盐熔融体，其组分中氧、硅、铝、铁、钠、钾、镁等造岩元素占90%左右。在岩浆作用过程中，形成的主要矿物及其晶出的顺序依次为：镁、铁硅酸盐，如橄榄石、辉石（图2-1）、角闪石、黑云母等；钾、钠、钙硅酸盐，如斜长石、正长石、微斜长石以及石英等造岩矿物。

▲ 图2-1　普通辉石

2. 伟晶作用

伟晶作用又称伟晶岩成矿作用，是指形成伟晶岩及其有关矿物的作用。在岩浆作用的晚期，在侵入体冷凝的最后阶段，由于熔体中富含挥发组分，在外压力大于内压的封闭条件下，富含挥发分和稀有放射性元素的残余岩浆缓慢结晶，其矿物晶体粗大，并具文象结构和带状构造。伟晶作用形成的主要矿物有石英、长石（图2-2）、云母、锂辉石、锆石等。

3. 接触交代作用

接触交代作用主要发生在中酸性岩浆侵入体同碳酸盐类岩石的接触带。在岩浆成因的溶液作用下，岩体和碳酸盐类岩石之间发生一系列的交代作用，产生了一系列镁、钙、铁的硅酸盐矿物，所形成的岩石称为矽卡岩。主要形成镁矽卡岩：镁橄榄石（图2-3）、尖晶石等；钙矽卡岩：钙铝石榴石、钙铁石榴石等。

4. 热液作用

热液作用是指从气水溶液一直到热水溶液过程中形成矿物的作用。岩浆期后热液是由在岩浆侵入并冷却的过程中从中分泌出的以水为主的挥发性组分，随着温度的下降，从气水溶液转变而成的热水溶液。而火山热液是岩浆期后热液的一种特殊形式，它是介于岩浆期后热液与地下水热液之间的过渡类型。它与岩浆期后热液的区别是：火山热液中的水，主要不是岩浆水，而是地表水。火山热液大量析出的时间是在剧烈的火山爆发之后，或两次爆

△ 图2-2　长石晶体

△ 图2-3　镁橄榄石

发的间歇期。热液作用按温度大致可分为高、中、低温三种类型：

高温热液作用：常与气化作用联系在一起，因此又称气化-高温热液作用，其温度范围在400～300℃之间。常形成由化合价高、半径小的离子（W^{6+}、Sn^{4+}、Nb^{5+}、Ta^{5+}、Ti^{4+}、Th^{4+}、TR^{3+}、Be^{2+}等）组成的氧化物和含氧盐，如黑钨矿

（图2-4）、锡石、铌钽铁矿、绿柱石等。此外，还常形成辉钼矿、辉铋矿以及含挥发性成分的矿物，如黄晶、电气石等。

△ 图2-4　黑钨矿

中温热液作用：其温度范围在300～200℃之间。中温热液的来源比较多样，不过具体矿床则往往以某一热液来源为主。形成的矿物种类繁多，其中以铜、铅、锌等金属硫化物，如黄铜矿（图2-5）、方铅矿、闪锌矿，以及方解石等碳酸盐矿物为常见。

△ 图2-5　黄铜矿

低温热液作用：其温度范围在200℃～50℃之间。低温热液的来源很复杂，亦难以判别。它形成的深度较浅，在近地表条件下，地下水往往起着相当重要的作用。例如在近代火山地区，与火山作用有关的热泉，其中地下水的成分对矿物的形成有重要的影响。低温热液作用主要形成砷、锑、汞等元素的硫化物，如雄黄、雌黄、辉锑矿（图2-6）、辰砂，以及重晶石等硫酸盐矿物。

△ 图2-6　辉锑矿

5. 火山作用

火山作用是岩浆作用表现的另一种形式，为地壳深部的岩浆沿地壳脆弱带上升到地表或直接溢出地面，甚至喷发向空中的作用。

二、外生地质作用

外生作用发生在地壳的表层，主要是在太阳能的影响下，在岩石圈、水圈、大气圈和生物圈的相互作用过程中导致矿物形成的各种地质作用。其能源除太阳能外，还有部分生物能（生物化学作用所产生的能量）、化学能（在固体、液体、气体之中和彼此之间进行的各种化学作用所放出的能量），在火山岩地区，有大量地球内部热能参与外生作用。外生作用在温度和压力比较低的条件下发生，按其性质的不同分为风化作用和沉积作用。

1. 风化作用

风化作用是指出露于地表或近地表的矿物和岩石，在大气和水的长期作用下，在温度变化和有机物的影响下，所发生的化学分解和机械破碎作用。风化作用形成一些稳定于地表条件下的表生矿物（图2-7）。

黄铁矿

褐铁矿

图2-7 黄铁矿风化后形成褐铁矿

2. 沉积作用

矿物和岩石在风化作用下遭受机械破碎和化学分解的结果，形成一系列风化产物，后者经水流冲刷、溶解和搬运，在地表适当条件下发生沉积。如果其物质来源于火山喷发的产物（如海底火山喷气、炽热的火山喷发物与海水的相互作用、火山喷出的固体物质被水淋滤分解等，所形成的产物）经过沉积或搬运一定距离再沉积，这种作用称为火山沉积作用。它兼有内生及外生的双重特点，是沉积作用中的一种特殊形式。

（1）机械沉积：风化条件下，物理和化学性质稳定的矿物遭受机械破碎作用后所形成的碎屑，除残留原地外，主要被水流搬运到适宜的场所。由于水流速度降低，矿物按颗粒大小、比重高低而先后分选沉积，造成有用矿物（如自然金、金刚石、锡石、锆石等）的相对集中，形成各种砂矿。

（2）化学沉积：风化作用下遭受分解的矿物，其成分中可溶组分溶解于水所成的真溶液，或沿断裂带上升的深部卤水等，当它们进入内陆湖泊、封闭或半封闭的潟湖或海湾以后，如果处于干热的气候条件下时，水分将不断蒸发，溶液浓度不断增高，达到过饱和程度时，即发生结晶作用，形成石膏、芒硝（图2-8）、石盐、光卤石、钾盐、硼砂等一系列易溶盐类矿物。而胶体沉积是风化作用产生的胶体溶液被水流带入海、湖盆后，受到电解质的作用而发生凝聚、沉淀，形成铁、锰、铝等氧化物和氢氧化物的胶体沉积矿物。此外，海底火山喷气在海底直接可以形成铁、硅等胶体沉淀。

（3）生物化学沉积：某些生物在其生活过程中能从周围介质中不断吸取有关元素或物质，组成其有机体和骨骼。生物死亡后其骨骼堆积形成矿物，如硅藻土、方解石（贝壳石灰岩的矿物成分）；此外，通过复杂的生物化学作用，还可以形成磷灰石（磷块岩的矿物成分）。而一些沉积铁矿的形成，也与生物化学作用，特别是与细菌作用有关。

三、变质作用

已有的矿物和岩石因受岩浆活动或

▲ 图2-8　化学沉积形成的芒硝晶体

地壳运动的影响，造成岩石结构的改变或成分的改组并形成一系列新的矿物的作用。按发生变质作用的原因和物理、化学条件的不同，可分为接触变质作用和区域变质作用。

1. 接触变质作用

包括热变质作用和接触交代作用（图2-9）。热变质作用是指岩浆侵入与围岩接触时，围岩受岩浆高温的影响而发生变质的作用。它主要是由岩浆熔融体释放出的热量所引起，基本上没有岩浆挥发成分的参加。热变质作用主要引起围岩中矿物的再结晶，使矿物颗粒变粗，如石灰岩变为大理岩；也可以形成新生的矿物，如泥质岩石中的红柱石（图2-10）和堇青石。而接触交代作用是指岩浆侵入围岩时，岩浆侵入体中的某些组分与围岩发生化学反应而形成新矿物的作用。这种作用发生在侵入体内

外接触带的范围内，主要发生在中酸性岩浆侵入碳酸盐类岩石的接触带。在岩浆成因的溶液作用下，岩体和碳酸盐类岩石之间发生一系列的交代作用，形成一系列镁、钙、铁的硅酸盐矿物，所形成的岩石称为矽卡岩。主要形成镁矽卡岩中的镁橄榄石、尖晶石等；钙矽卡岩中的钙铝榴石、钙铁榴石等。

2. 区域变质作用

在造山运动地带，由于大规模的地壳升降、褶皱和断裂，使原有的岩石和矿物所处的物理、化学条件发生了很大的变化，原来的岩石和矿物就必须进行改造才能在新的物理、化学条件下处于平衡，这就造成了岩石的结构构造和矿物成分的变化，导致了新矿物的形成。由于这种作用的波及范围具有区域性的意义，所以称为区域变质作用。区域变质作用的标志性矿物有十字石、蓝晶石等。

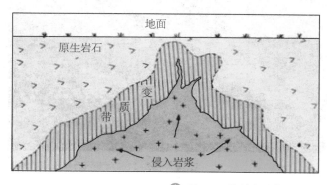

▲ 图2-9 接触变质作用示意图

▲ 图2-10 红柱石

形成矿物的方式

在 上述三种地质作用条件下，矿物形成的方式主要有三种：

一、气态变为固态

火山喷出硫蒸汽或硫化氢气体，前者因温度骤降可直接升华成自然硫（图2-11），后者可与大气中的氧气发生化学反应形成自然硫。我国台湾大屯火山群和龟山岛就有这种方式形成的自然硫。

△ 图2-11 硫蒸汽升华形成自然硫

二、液态变为固态

这是矿物形成的主要方式，可分为两种形式。

1. 从溶液中蒸发结晶

我国青海柴达木盆地，由于盐湖水长期蒸发，使盐湖水不断浓缩而达到饱和，从中结晶出石盐等许多盐类矿物，就是这种形成方式（图2-12）。

2. 从溶液中降温结晶

地壳下面的岩浆熔体是一种成分极其复杂的高温硅酸盐熔融体（其状态像炼钢炉中的钢水），在上升过程中温度不断降低，当温度低于某种矿物的熔点时就结晶形成该种矿物。岩浆中所有的组分，随着温度下降不断结晶形成一系列的矿物，一般熔点高的矿物先结晶成矿物。

三、固态变为固态

主要是由非晶质体变成晶质体。火山喷发出的熔岩流迅速冷却，来不及形成结晶态的矿物，而固结成非晶质的火山玻

▲ 图2-12 盐湖水蒸发形成石盐晶体

43

璃，经过长时间后，这些非晶质体可逐渐转变成各种结晶态的矿物。

由胶体凝聚作用形成的矿物称为胶体矿物。例如河水能挟带大量胶体，在出口处与海水相遇，由于海水中含有大量电解质，使河水中的胶体产生胶凝作用，形成胶体矿物，滨海地区的鲕状赤铁矿就是这样形成的。

矿物都是在一定的物理、化学条件下形成的，当外界条件变化后，原来的矿物可变化形成另一种新矿物，如黄铁矿在地表经过水和大气的作用后，可形成褐铁矿。

Part 3 知悉身边矿物

矿物与人类日常生活有着极为密切的关系。人们身上佩戴的宝石本身就是矿物，随处可见的铜、铁、铝等则是从矿物中提炼出来的金属，日常使用的化妆品中添加了矿物原料；居住场所的砖、墙、石材地板也是由矿物组成的；电子表内的振荡器材料是石英晶体，电脑或电子工业所大量使用的集成电路中则使用了添加微量元素的纯硅。

宝石用矿物

宝石因其夺目的光彩、晶莹的质地成为人们珍爱的装饰品，也是日常生活中与人们关系最为密切的矿物之一。

宝石即天然宝石的简称，限指自然界产出的，具有美观、耐久、稀少性，可加工成首饰等装饰品的矿物的单晶（可含双晶）。绝大部分宝石为单晶体，如钻石、红宝石、蓝宝石、祖母绿等，还有少数为非晶体，如欧泊。这些产出稀少、晶莹美丽的晶体，经人工琢磨后即构成了天然矿物类宝石。

一、钻石

钻石是世界上公认的最珍贵的宝石，素有"宝石之王"的美称。钻石是指经过琢磨的金刚石（图3-1）。世界上最重的钻石是1905年产于南非的"库里南"，重3106 Ct，已被分割成9粒小钻，其中被称为"非洲之星"的库里南1号的钻石重量仍占世界名钻首位。

金刚石属自然非金属元素矿物，晶体为类似球形的八面体或六八面体。无色透明，含杂质者黑色（黑金刚），金属光泽，硬度10，解理完全，性脆，比重3.47～3.56，紫外线下发荧光，具有高度的抗酸碱性和抗辐射性。

▲ 图3-1 金刚石

宝石级金刚石又称工艺品用金刚石。专指未经琢磨的，质量达到切磨成钻石要求的金刚石。近年粒级规格已降到 0.1 Ct；只要能琢磨出直径约 1 mm 的小钻石，就应列入宝石级（图3-2）。

钻石的产量十分稀少，通常成品钻是采矿量的十亿分之一，因而价格十分昂贵。钻石曾被视为勇敢、权力、地位和尊贵的象征，但现在已成为普通人都可拥有、佩戴的大众宝石。钻石的文化源远流长，也有人把它看成是爱情和忠贞的象征。

二、红宝石和蓝宝石

红宝石和蓝宝石都属于刚玉矿物，它们是世界上公认的两大珍贵彩色宝石品种。

刚玉的化学成分为 Al_2O_3，可含有微量的杂质元素 Fe、Ti、Cr、Mn、V 等。含有金属铬的刚玉颜色鲜红，一般称之为红宝石；除红宝石以外其他颜色的刚玉，均被归入蓝宝石的类别。

（1）刚玉（Al_2O_3）：晶形常呈完好的六方柱状或桶状，柱面上常发育斜条纹或横纹，底面上有时可见三角形裂开

▲ 图3-2　钻石

纹，集合体呈粒状（图3-3）。颜色十分丰富，几乎包括了可见光谱中的红、橙、黄、绿、青、蓝、紫等所有颜色。透明-不

△ 图3-3 刚玉

透明，抛光表面具亮玻璃光泽或亚金刚光泽。刚玉的硬度为9，是迄今为止自然界中所发现的硬度仅次于钻石的矿物。比重介于3.99～4.00之间。熔点高达2 000～2 030℃。

成因产状：形成于地幔的高温、高压条件下，随岩浆喷出地表，形成于缺硅的岩浆岩和富含铝的变质岩中。

（2）红宝石（Al_2O_3）：红宝石（图3-4）是指颜色呈红色、粉红色的刚玉，因其成分中含铬而呈红-粉红色，铬含量越高颜色越鲜艳。血红色的红宝石最受人

△ 图3-4 红宝石

——地学知识窗——

自然元素矿物

自然元素矿物是一种未与其他元素结合的单质矿物，约占地壳总质量的0.1%，分布极不均匀，但是它们非常重要，主要是由于它们在工业上的用途，可作为某些贵金属（金，银）和宝石的主要来源。可以分为三大类：第一类为金属元素矿物，如自然铂、自然金、自然银、自然铜等；第二类为半金属元素矿物，如自然铋等；第三类为自然非金属元素矿物，如自然硫、金刚石、石墨等。

们珍爱，俗称"鸽血红"。

成因产状：形成于岩浆岩或变质岩地区。由于硬度和密度较大，因此也产于河床沙砾层。

天然红宝石原石（图3–5）大多产自亚洲（缅甸、泰国和斯里兰卡）、非洲和澳大利亚，美国的蒙大拿州和南卡罗莱那

▲ 图3–5　红宝石原石

州也有产出。天然红宝石少而珍贵，但是人造并非太难，所以工业用红宝石都是人造的。

红宝石象征着高尚、爱情和仁爱。世界上最大的星光红宝石是印度"拉贾拉那"星光红宝石。该宝石重达2 457 Ct，具有六射星光，圆顶平底琢型。1991年，山东省昌乐县发现一颗红、蓝宝石连生体，重量67.5 Ct，被称为"鸳鸯宝石"，称得上是世界罕见的奇迹。国际宝石市场上把鲜红色的红宝石称为"男性红宝石"，把淡红色的称为"女性红宝石"。

（3）蓝宝石（Al_2O_3）：蓝宝石是刚玉宝石中除红色的红宝石之外，其他颜色刚玉宝石的通称。如蓝色、淡蓝色、绿色、黄色、灰色、无色等，均称为蓝宝石

（图3-6）。蓝宝石主要以Fe、Ti致色。

成因产状：形成于某些岩浆岩和变质岩中，也产于冲积沉积矿床。

世界上的蓝宝石主要产于缅甸、斯里兰卡、泰国、澳大利亚、丹麦、中国等地，但就宝石质量而言，以缅甸、斯里兰卡的质量最佳，泰国次之。20世纪80年代在中国东部沿海一带的玄武岩中，相继发现了许多蓝宝石矿床，其中以山东省昌乐县的蓝宝石质量最佳。

昌乐地区的蓝宝石在储量和质量方面均居国内首位，也是世界上储量最大的四大蓝宝石产地之一。另外，我国在新疆天山地区发掘出的一种稀有的天然蓝宝石具有变色效应，在日光下呈紫色，在灯光下呈黄色，属天然蓝宝石的新品种，也是蓝宝石的最佳品质之一。

三、欧泊

欧泊（Opal）源于拉丁文Opalus，意思是"集宝石之美于一身"。它是一种贵蛋白石，故又被称为蛋白石、闪山云等，主要出产于澳大利亚。

欧泊主要由非晶质体的蛋白石$SiO_2 \cdot nH_2O$组成，含水量不定，一般为4%～9%，最高可达20%，另有少量石英、黄铁矿等次要矿物。宝石级的欧泊多有变彩，随着不同的观察角度可看到不同颜色，所以，欧泊又被称为具有一千种颜色的宝石（图3-7）。

成因产状：欧泊是在表生环境下由

△ 图3-6　蓝宝石

△ 图3-7　欧泊

硅酸盐矿物风化后产生的二氧化硅胶体溶液凝聚而成，也可由热水中的二氧化硅沉淀而成，其主要的矿床类型有风化壳型和热液型。

澳大利亚是世界上最重要的欧泊产出国，主要产区在新南威尔士、南澳大利亚和昆士兰，其中新南威尔士所产的优质黑欧泊最为著名。墨西哥以其产出的火欧泊和玻璃欧泊而闻名，主要产出于硅质火山熔岩溶洞中。巴西北部的皮奥伊州是除澳大利亚外最重要的欧泊产地之一。其他的产地还有洪都拉斯、马达加斯加、新西兰、委内瑞拉等。

四、碧玺

碧玺谐音"辟邪"。在清代，碧玺被视为权力的象征，是一、二品官员的顶戴花翎的材料之一，也用来制作他们佩戴的朝珠。同时，碧玺也是慈禧太后的最爱。据传，慈禧太后的殉葬品中就有很多碧玺首饰，其中不乏西瓜碧玺这样的珍贵品种。

碧玺矿物名为电气石，其化学成分是极为复杂的硼硅酸盐。三方晶系，无解理，全透明–半透明，硬度7～8。颜色随成分而异，富含铁的碧玺呈暗绿、深蓝、暗褐或黑色；富含镁的碧玺为黄色或褐色；富含锂和锰的碧玺呈玫瑰红色，亦可呈淡蓝色；富含铬的碧玺呈深绿色（图3-8）。

▼ 图3-8　五颜六色的碧玺

主要产地：碧玺的主要产地有巴西、斯里兰卡、马达加斯加、中国等。其中，巴西以盛产红色碧玺、绿色碧玺和碧玺猫眼而著称于世。巴西还发现了罕见的紫罗兰色、蓝色碧玺。它所产的彩色碧玺占世界总产量的50%～70%。美国盛产优质的粉红色碧玺，意大利则以无色碧玺而闻名。

我国碧玺的主要产地是新疆阿勒泰、云南哀牢山和内蒙古，所产碧玺的颜色十分丰富。新疆是我国碧玺最为重要的产地，绝大多数产于阿勒泰、富蕴等地的花岗伟晶岩型矿床中，其次为昆仑山地区和南天山腹地。新疆碧玺色泽鲜艳，红色、绿色、蓝色、多色碧玺均有产出，晶体较大，质量比较好。内蒙古产地分布于乌拉特中旗角力格太等地。云南碧玺大多以单晶体的形式产出，部分碧玺呈棒状、放射状、块状集合体。

五、水晶

水晶（图3-9）是宝石的一种，纯净时形成无色透明的晶体，当含微量元素Al、Fe等时呈紫色、黄色、茶色等。水晶文化历史悠久，特别是用水晶制成项链作为饰品已经有着久远的历史。无论是从北京周口店猿人洞内发现的由水晶砾石、狐齿连缀的项串来看，还是从意大利古里马鲁提洞穴或从日本绳文时代的新石器文化遗址发现的用水晶石磨成齿形、穿成月牙形的项链来看，水晶项链

△ 图3-9 水晶

的诞生，远远早于人类的文字历史。

水晶是一种石英结晶体，它的主要化学成分是SiO_2。SiO_2胶化脱水后就是玛瑙；SiO_2含水的胶体凝固后就成为蛋白石；SiO_2晶粒小于几微米时，就形成玉髓、燧石等。

水晶由于含有不同的混入物而呈现多种颜色。水晶晶体属三方晶系，常呈六棱柱状晶体，柱面横纹发育，柱体为一头尖或两头尖，多条长柱体联结在一块儿时通称晶簇，美丽、壮观。水晶晶簇形状可谓是千姿百态。水晶的颜色可有无色、紫色、黄色、粉红色、绿色、蓝色及不同程度的褐色直到黑色。

水晶的产地很多，世界上高质量紫水晶的主要产地分布在巴西、乌拉圭以及乌拉尔山脉。又以乌拉圭水晶为优，颜色呈深蓝紫色，极为罕见。中国江苏东海水晶，因为毛主席做的水晶棺而著名。

六、锆石

锆石（图3-10）是一种硅酸盐矿物。锆石广泛存在于酸性火成岩中，也产于变质岩和其他沉积物中。锆石的化学性质很稳定，所以在河流的沙砾中也可以见到宝石级的锆石。锆石有很多种，不同的锆石会有不同的颜色，如红、黄、橙、褐、绿或无色透明等。经过切割后的宝石级锆石很像是钻石。锆石可耐受3 000℃以上的高温，因此可用作航天器的绝热材料。

锆石是地球上形成最古老的矿物之一。因其稳定性好，而成为同位素地质年代学最重要的定年矿物，已测定出的最老的锆石形成于43亿年以前。

锆石在世界上的分布范围很广，但宝石级的锆石主要产于几个地方：斯里兰卡的宝石矿中普遍有宝石级的锆石产出；缅甸抹谷宝石矿中也发现有宝石级锆石；此外，还有法国艾克斯派利产红锆石；挪威也产有晶形完好的褐色锆石晶体；英国也有多处发现宝石级锆石；乌拉尔南部山脉产出晶形好、光泽强的锆石；坦桑尼亚爱马利产出近于无色卵

▲ 图3-10 锆石原石

石形锆石。此外，越南与泰国交界的区域也是重要的锆石产地之一，因为这里是唯一产出适于热处理形成蓝色、金黄色和无色锆石的原料产地。

七、托帕石

托帕石（图3-11）的矿物名称为黄玉或黄晶。在我国，黄色的和田玉（软玉）长期被称为黄玉，尤其是在考古界；而消费者又容易把黄晶和水晶中的黄水晶相混淆，故商业上多采用黄玉的英文音译名称"托帕石"来标注宝石级的黄玉。

托帕石是一种硅酸盐矿物，由岩浆岩结晶化过程的最后阶段散发出的含氟蒸气所形成。颜色一般呈黄棕色–褐黄色、浅蓝色–蓝色、红色–粉红色及无色，极少数呈绿色。

世界上绝大部分托帕石产于巴西花岗伟晶岩中。另外，在斯里兰卡、俄罗斯乌拉尔山、美国、缅甸和澳大利亚等地也有发现。我国内蒙古、江西和云南等地也产托帕石。内蒙古的托帕石产于白云母型和二云母型伟晶岩中，与绿柱石、独居石等矿物共生。江西的托帕石属气成高温热液成因，多富集于矿脉较

▲ 图3-11　托帕石

细的支脉内，与石英、白云母、长石、黑钨矿、绿柱石等共生。产于云英岩化花岗岩中的托帕石常与萤石共生，有时则聚集成脉。

从颜色来看，深红色的托帕石价值最高，其次是粉红色、蓝色和黄色，相比之下无色托帕石价值最低。托帕石中常含气-液包裹体和裂隙，含包裹体多者则价格低。优质的托帕石应具有明亮的玻璃光泽，若因加工不当而导致光泽暗淡，则会影响宝石的价格。

八、猫眼石

猫眼石（Cat's eye），即"猫儿眼""猫睛""猫精"，又称东方猫眼，是珠宝中稀有而名贵的品种。由于猫眼石表现出的光学现象与猫的眼睛一样，灵活明亮，能够随着光线的强弱而变化，因此而得名。这种光学效应，称为"猫眼效应"。

正是因为"猫眼效应"，猫眼石才成了珠宝中稀有而名贵的品种，和它的孪生姐妹木变石（具有变色效应）同被誉为"珍贵奇异之石"，与宝石之王——钻石、绿色宝石之王——祖母绿、华贵吉祥之石——红宝石、庄重高雅之石——蓝宝石并称为世界五大高档珍贵宝石。

在矿物学上，猫眼石是金绿宝石中的一种，属尖晶石族矿物。金绿宝石（图3-12）是含铍铝氧化物，化学分子式为$BeAl_2O_4$，属斜方晶系。晶体形态常呈短柱状或板状。猫眼石有各种各样的颜色，如蜜黄、褐黄、酒黄、棕黄、黄绿、黄褐、灰绿色等，其中以蜜黄色最为名贵（图3-13）。透明-不透明，玻璃-油脂光泽，比重3.71～3.75。贝壳状断口，韧

▲ 图3-12　金绿宝石

▲ 图3-13　猫眼石

性极好。绿黄色的金绿宝石在短波紫外光下，产生绿黄色荧光，遇酸不受侵蚀，有奇异的"猫眼效应"。

成因产状：金绿宝石主要产于花岗伟晶岩、细晶岩和云母片岩中，因为它非常坚硬耐磨，能抵抗风化和侵蚀，所以在溪流和砾石中也会存在。

九、祖母绿

祖母绿（emerald）属于绿柱石族宝石，英语绿柱石一词来源于希腊语"海水般的蓝绿色"。祖母绿是最名贵的五大宝石之一。

祖母绿（图3-14）是铍铝硅酸盐，化学式为$Be_3Al_2(SiO_3)_6$，并含有Cr、V、Fe、Na等微量元素，其中Cr是主要的致色元素。六方晶系，晶体呈六方柱形，柱面有纵纹，晶体可能非常小，集合体有时呈晶簇或针状，有时可形成伟晶，长可达5 m，重达18 t。硬度为7.5～8，比重为2.63～2.80。纯净的绿柱石是无色的，甚可以是透明的。宝石级祖母绿通常为透明–半透明，多色性明显，呈蓝绿、黄绿色，有时呈绿、黄绿色，其颜色柔和而鲜亮，具有玻璃光泽，不完全解理。

鉴定特征：绝大多数祖母绿在查尔斯滤色镜下呈现红色或粉红色。整个绿柱石族宝石通常含有气相、液相、固相各类包体。

绿柱石主要产于花岗伟晶岩中，但是也见于砂岩、云母片岩中，经常和锡、钨共生，主要矿产在欧洲的奥地利、德国、爱尔兰，非洲的马达加斯加，亚洲的

图3-14 祖母绿

乌拉尔山和中国的西北。在美国的新英格兰曾发现一个5.5 m×1.2 m，将近18 t重的巨大绿柱石晶体。

十、石榴石

石榴石（Garnet）又称石榴子石，因其晶体与石榴子的形状、颜色十分相似，故名"石榴石"（图3-15）。色泽好、透明度高的石榴石可以成为宝石。常见的石榴石为红色，但其颜色的种类十分广阔，足以涵盖整个光谱的颜色。常见的石榴石因其化学成分不同而分为6种，分别为镁铝石榴石、铁铝石榴石、锰铝石榴石、钙铁石榴石、钙铝榴石及钙铬石榴石。

最常见的是铁铝石榴石$(Fe_3Al_2)[SiO_4]$及钙铁石榴石$(Ca_3Fe_2)[SiO_4]$。晶体发育良好，呈菱形十二面体、四角三八面体，或两者的聚形，常在变质岩中呈分散粒状或粒状集合体。呈深红、红褐、棕、绿、黑等色，玻璃及脂肪光泽，半透明。硬度6.5～7.5，无解理，性脆。比重3.5～4.3。化学性稳定，不易风化。

石榴石是重要的变质矿物，常见于变质岩中，有的产于火成岩中。因硬度大，化学性稳定，岩石风化后可形成石榴子石砂，也可作研磨材料。

十一、其他宝石矿物

（1）尖晶石$[(Mg,Fe,Zn,Mn)(Al,Cr,Fe)_2O_4]$：等轴晶系，常呈八面体晶形，有时与菱形十二面体和立方体成聚形。无色、红、蓝、黄、粉红色等，玻璃光泽，解理不完全，硬度8，相对密度3.55（镁尖晶

▲ 图3-15 石榴石

石）、4.39（铁尖晶石）、4.0～4.6（锌尖晶石）、4.04（锰尖晶石）。硬度和密度随成分中Fe、Cr等替代量的增高而增大，熔点2 135±20℃。

有些透明且颜色漂亮的尖晶石可作为宝石（图3-16）。全球最大颗的尖晶石产自缅甸，重955.7 Ct，黑红色，半透明，雕刻双狮戏双球。威武的雄狮摇头摆尾，造型生动活泼，如此大颗的尖晶石世间罕见。

成因产状：形成于各种变质岩中，包括蛇纹岩、片麻岩和大理岩等，也形成于基性岩中。

（2）锌铁尖晶石[（Zn，Mn）Fe_2O_4]：属于尖晶石类，晶体呈八面体，常具圆菱角，呈粒状或者块状集合体，颜色为黑色（图3-17），条痕从红棕色-黑色。不透明，金属光泽，硬度5.5～6.5，比重5.07～5.22，无解理，参差状亚贝壳状断口。

成因产状：形成于变质石灰岩和白云石的铅矿床中，与多种矿物如方解石、硅锌矿、红锌矿、蔷薇辉石和石榴

△ 图3-16 尖晶石

△ 图3-17 锌铁尖晶石

石伴生。

（3）绿帘石{Ca₂(Al,Fe)₃[Si₂O₇][SiO₄]O[OH]}：成分复杂，晶面强玻璃光泽，透明－半透明（图3–18）。硬度6～7，一组完全解理，比重3.25～3.5。

绿帘石主要为变质矿物，分布比较广泛，色泽美丽者可作宝石。

（4）红柱石{Al₂[SiO₄]O}：长柱状晶体（横断面近正方形，图3–19），在岩石中呈柱状或放射状集合体，后者形似菊花，俗称菊花石。半透明，硬度6.5～7.5，解理清楚，比重3.16～3.20。晶体中心沿柱体方向常有碳质填充。红柱石为粉红、红、红褐、灰白及浅绿色，具有玻璃光泽。有些质量好且透明的红柱石晶体可被当作宝石。

红柱石是典型的接触变质矿物，主要由富铝岩石（如页岩，高岭土等）分解再结晶而成。北京西山红山口菊花石沟及周口店等地皆产红柱石。

（5）绿松石[CuAl₆(PO₄)₄(OH)₈·4H₂O]：很少形成晶体，偶见短小柱状晶体。常成块状、粒状、隐晶质、钟乳状和结核

▲ 图3–18　绿帘石

▲ 图3–19　红柱石

状集合体，也成皮壳状和细脉状。绿松石的颜色有鲜艳的蓝色-浅蓝、绿蓝、绿色和灰色，条痕白色或浅绿色。晶体透明，玻璃光泽，块状的绿松石不透明，蜡状或暗淡光泽（图3-20）。硬度5～6，比重2.6～2.8，解理清楚，断口呈贝壳状。

绿松石在现代宝玉石鉴定分类中被列为半宝石，其中蓝色的为贵重首饰石品种，蓝色、蓝绿色及翠绿色等色彩纯正、结构致密者皆可为高端艺术雕刻的首选。

绿松石因其绝美的色泽而成为一种东西方传承共赏的宝玉石。

成因产状：富含铝的岩浆岩和沉积岩风化淋滤而成。

（6）独居石[(Ce, La, Nb, Tb)PO$_4$]：组成独居石铈、独居石镧和独居石钕等一系列矿物，晶体呈板状或柱状，晶体小，且多成双晶，晶面通常粗糙或有条纹，也呈粒状块体。独居石常见的颜色有棕、红棕、黄棕、粉红、黄、浅绿或近白色，条痕白色。透明-半透明，松脂、蜡状或

△ 图3-20　绿松石

玻璃光泽（图3-21）。硬度5～5.5，比重4.6～5.4，解理清楚，断口呈贝壳状－参差状。

成因产状：形成于伟晶岩、变质岩和矿脉中，也见于砂积矿床，如河流和滩地的砂层。在伟晶岩中发现过重达几千克的特大独居石晶体。

世界上出产宝石级独居石的国家有美国、玻利维亚等。透明宝石个体不大，已知最大者约5 Ct。不透明的大晶体用于琢磨弧面型宝石。独居石的英文名称Monazite来自希腊文monazem，意为无伴独居之意，寓意矿物产出稀少。

（7）萤石（CaF_2）：属卤化物类矿物。萤石（图3-22）的主要成分是氟化钙，含杂质较多，又称氟石、软水晶、七彩宝石、彩虹宝石、梦幻石等。萤石为等轴晶系，单晶主要为立方体，少数为菱形十二面体、八面体。晶面上常出现与棱平行的网格状条纹，集合体为粒状、晶簇状、条带状、块状等。

常成双晶，也以块状、粒状

和致密状集合体产出，颜色多变化。常见的颜色有浅绿色－深绿色、蓝、绿蓝、黄、酒黄、紫、紫罗兰、灰、褐、玫瑰红、深红等。玻璃光泽，透明－半透明，可以作为宝石、夜明珠，但其大多数晶体中因含有放射性物质而对人体有害。

成因产状：形成于热液矿脉中和温

▲ 图3-21　独居石

▲ 图3-22　萤石

61

泉周围，是一种相当常见的矿物，与多种矿物伴生，如石英、方解石、白云石、方铅矿、黄铁矿、黄铜矿、闪锌矿、重晶石及多种其他热液矿脉矿物。

——地学知识窗——

卤化物类矿物

卤化物是指金属元素阳离子与卤素元素氟、氯、溴、碘、砹阴离子的化合物。卤素化合物矿物约有120种，其中主要是氟化物和氯化物，而溴化物和碘化物则极为少见。它们与人们的生活密切相关，可以说，在人们的衣食住行中，一刻也离不开这些矿物，例如石盐等。

提炼金属的矿物

从矿物中提取有用元素，冶炼成各种工业需要的金属，最重要的是从磁铁矿、赤铁矿中提取铁；从方铅矿中提取铅；从黄铜矿、斑铜矿中提取铜；从铬铁矿中提取铬等。我国产量最高的矿物为黑钨矿，从中提取的钨占世界第一位；我国湖南是世界著名的辉锑矿产地，从中提取大量的锑；内蒙古白云鄂博的稀土矿床中用于提取铈族稀土元素的氟碳铈矿在世界上也属最富。国防工业中所需的铍是从绿柱石中提取的，铌、钽是从铌铁矿、钽铁矿中提取的。原子能工业中的铀是从晶质铀矿中提取的。

矿物中除了主要元素外，还会混入些

其他元素，如闪钠矿中常有镉、铟、锗混入，这些元素称为分散元素，而这些金属在电子工业中有重要的用途，我们也在提取主要元素时提取这些分散元素炼成金属。

一、铁的应用及含铁矿物

铁是地球上分布最广、最常用的金属之一，约占地壳质量的5.1%，居元素分布序列中的第4位，仅次于氧、硅和铝。

在自然界，游离态的铁只能从陨石中找到，分布在地壳中的铁都以化合物的形式存在。含铁的主要矿物有：赤铁矿、磁铁矿、褐铁矿和菱铁矿等。

铁的发现和大规模使用，是人类发展史上的一个光辉里程碑，它把人类从石器时代、铜器时代带到了铁器时代，推动了人类文明的发展。铁至今仍然是现代化学工业的基础，人类进步所必不可少的金属材料。

在我们的生活里，铁可以算得上是最有用、最价廉、最丰富、最重要的金属了。铁是碳钢、铸铁的主要元素。工农业生产中，装备制造、铁路车辆、道路、桥梁、轮船、码头、房屋、土建均离不开钢铁构件。钢铁的年产量代表一个国家的现代化水平。

对于人体，铁是不可缺少的微量元素。在十多种人体必需的微量元素中，铁无论在重要性上还是在数量上，都处于首位。一个正常的成年人全身含有3 g多铁，相当于一颗小铁钉的质量。人体血液中的血红蛋白就是铁的配合物，它具有固定氧和输送氧的功能。人体缺铁会引起贫血症。只要不偏食，不大出血，正常的成年人一般不会缺铁。

铁还是植物制造叶绿素不可缺少的催化剂。如果一盆花缺少铁，花朵就会失去艳丽的颜色，失去那沁人肺腑的芳香，叶子也发黄枯萎。一般土壤中也含有不少铁的化合物。铁是土壤中的一个重要组

——地学知识窗——

氧化物和氢氧化物

氧化物和氢氧化物矿物是一系列金属阳离子与O^{2-}和OH^-相化合的化合物。本类矿物分布相当广泛，共约180种，包括重要造岩矿物如石英及Fe、Al、Mn、Cr、Ti、Sn、U、Th等的氧化物或氢氧化物，其他如刚玉（氧化铝）构成多种宝石，如红宝石和蓝宝石。此类矿物是铁、铝、锰、铬、钛、锡、铀、钍等矿石的重要来源，经济价值很大。

分，其在土壤中的比例从小于1%至大于20%不等，平均是3.2%。铁主要以铁氧化物的形式存在，其中既有二价铁又有三价铁，大多数铁氧化物在土壤颗粒中以不同程度的微结晶形式存在。

（1）赤铁矿（Fe_2O_3）：属氧化物矿物。赤铁矿包括两类：一类为镜铁矿，晶体多为板状、叶片状、鳞片状及块状集合体。钢灰-铁黑色，条痕樱红色，金属光泽，不透明，硬度2.5～6.5，性脆，比重5.0～5.3，无磁性（图3-23）。另一类为沉积型赤铁矿，常呈鲕状、肾状、块状或粉末状，暗红色，条痕樱红色，半金属或暗淡光泽，硬度较小。

成因产状：镜铁矿主要产于接触变质带中，沉积型赤铁矿主要产于沉积岩中。规模巨大的赤铁矿矿床多与热液作用或沉积作用有关，也以副矿物的形式形成于火成岩中。

鉴定特征：镜铁矿常以板状、鳞片状集合体，颜色钢灰及条痕樱红色为特征。沉积型赤铁矿常以鲕状、肾状等形态，颜色暗红及条痕樱红色为特征，加热后有磁性。

赤铁矿为最重要的铁矿石之一。赤铁矿粉可用作红色涂料和制红色铅笔。我国赤铁矿产地甚多，辽宁鞍山、甘肃镜铁山、湖北大冶、湖南宁乡、河北宣化和龙关等地都是著名的产地。

（2）磁铁矿（Fe_3O_4或$FeO \cdot Fe_2O_3$）：等轴晶系，晶体常为小八面体，有时为菱形十二面体，晶面有条纹。通常呈粒状或块状集合体（图3-24）。铁黑色或具

▲ 图3-23　赤铁矿

▲ 图3-24　磁铁矿

暗蓝靛色，条痕黑色，金属或半金属光泽，不透明，无解理，断口不平坦，硬度5.5～6，比重4.9～5.2，性脆，无臭无味，具有强磁性。

成因产状：产于相对较还原的环境中。主要成因类型有岩浆型、接触交代型、高温热液型、区域变质型。

鉴定特征：铁黑色，条痕黑色，强磁性。

磁铁矿多产于与岩浆活动或变质作用有关的矿床和岩石中。磁铁矿是最重要的铁矿石之一，我国产地甚多。磁铁矿中的Fe^{3+}可以为Ti^{4+}、Cr^{3+}、V^{3+}等所代替（类质同象代替），当含V、Ti较多时，则称钒钛磁铁矿。如我国四川攀枝花即为大型钒钛磁铁矿基地。

（3）褐铁矿：不形成晶体，是一种非晶体矿物，通常呈黄褐-褐黑色，条痕为黄褐色，半金属光泽，块状、钟乳状、葡萄状、疏松多孔状或粉末状，也常呈结核状或黄铁矿晶形的假象出现（图3-25）。半透明-不透明，玻璃、半金

▲ 图3-25　褐铁矿

属、丝质或暗淡光泽。硬度5～5.5，比重2.7～4.3，参差状断口，无解理，无磁性。

成因产状：在铁矿床的氧化带中以次生矿物的形式产出，也由沉积作用形成于海洋、淡水和沼泽中。

（4）菱铁矿（$FeCO_3$）：晶体呈菱面体、板状、柱状和偏三角面体，晶面常弯曲，有时成双晶，也以块状、粒状、致密状、葡萄状和鲕状集合体产出（图3-26）。常见的颜色有浅黄、灰、棕、浅绿、浅红或几乎黑色，条痕白色。菱铁矿是半透明矿物，玻璃、珍珠或丝绢光泽。硬度4，完全菱面体形解理，断口贝壳状-参差状。

成因产状：形成于热液矿脉，并能在冷盐酸中缓慢溶解，当酸液加热时，发泡。

（5）针铁矿［$FeO(OH)$］：晶体为片状、柱状或针状，常见的是块状、葡萄状、钟乳状和土状集合体（图3-27）。黑棕色，或从浅红色-黄棕色，条痕从红色-浅棕色。不透明晶面上呈金刚光泽，其他为暗淡光泽，参差状断口，解理完全，硬度5～5.5，比重3.3～4.3。

▲ 图3-26　菱铁矿

▲ 图3-27　针铁矿

成因产状：一般情况下，针铁矿是其他铁矿（如黄铁矿、磁铁矿等）在风化的条件下于矿床氧化带形成的。也可以因沉积作用而形成于海底或湖底。

针铁矿是一种比较重要的铁矿石，除了提炼铁以外，人们还将它用作黄赭颜料。

二、铜的应用及含铜矿物

铜是人类最早发现的古老金属之一，早在三千多年前人类就开始使用铜。

纯铜呈浅玫瑰或淡红色，表面形成氧化铜膜后，外观呈紫铜色。铜具有许多可贵的物理化学特性，例如其热导率和电导率都很高，化学稳定性强，抗张强度大，易熔接，具抗蚀性、可塑性、延展性。纯铜可拉成很细的铜丝，制成很薄的铜箔。铜能与锌、锡、铅、锰、钴、镍、铝、铁等金属形成合金。

自然界中含铜矿物有200多种，其中常见的并具有经济价值的只有十几种，可分为三大类——自然铜、硫化物、氧化物。世界上80%以上的铜是从铜硫化物中精炼出来的，主要有黄铜矿、斑铜矿、辉铜矿、铜蓝和黝铜矿等，另有少量的自然铜和氧化铜矿。

铜是与人类关系非常密切的有色金属，被广泛地应用于电气、轻工、机械制造、建筑工业、国防工业等领域，在我国有色金属材料的消费中仅次于铝。

（1）自然铜：晶体结构属等轴晶系。晶体呈立方体、五角十二面体以及八面体的晶形，在立方体或五角十二面体晶

——地学知识窗——

硫化物及其类似化合物

硫化物是金属或半金属元素与硫结合而成的天然化合物，大多数硫化物具有金属光泽、低透明度和强反射率。本类有200多种矿物，Cu、Pb、Mo、Zn、As、Sb、Hg等金属矿床多由此类矿物富集而成，具有很大的经济价值。根据硫离子与金属阳离子的结合方式分为单硫化物矿物、复硫化物矿物和硫盐矿物。

面上有条纹，相邻两个晶面的条纹互相垂直。集合体呈致密块状、浸染状和球状结核体（图3-28）。铜红色，表面常出现棕黑色氧化被膜。条痕铜红色，金属光泽，不透明，无解理，硬度2.5～3，相对密度8.4～8.95，具延展性，良导电性、导热性。显微镜下：玫瑰色，铜红色。没有氧化过的自然铜表面为红色，具有金属光泽，但因为氧化的原因，通常自然铜会呈棕黑色或绿色。自然铜中往往还会含有微量的铁、银和金等元素。

成因产状：主要产于硫化铜矿脉氧化带下部，由铜的硫化物还原而成。

鉴定特征：铜红色，表面氧化膜呈棕黑色，密度大，延展性强。常与孔雀石、蓝铜矿伴生。吹管焰中易熔，火焰呈绿色，溶于硝酸。

（2）黄铜矿（$CuFeS_2$）：完好晶体少见，为四面体状；多呈不规则粒状及致密块状集合体，也有肾状、葡萄状集合体（图3-29）。黄铜黄色，时有斑状锈色，条痕为微带绿的黑色或金黄色（表面常有锈色），金属光泽，不透明，硬度3.5～4，解理不清楚，性脆，比重4.1～4.3。

成因产状：岩浆型，产于与基性、超基性岩有关的铜镍硫化物矿床中，与磁黄铁矿、镍黄铁矿密切共生。接触交代型，与磁铁矿、黄铁矿、磁黄铁矿等共生；亦可与毒砂或方铅矿、闪锌矿等共

▲ 图3-28　自然铜

▲ 图3-29　黄铜矿

生。热液型，常呈中温热液充填或交代脉状，与黄铁矿、方铅矿、闪锌矿、斑铜矿、辉钼矿及方解石、石英等共生。在地表风化条件下遭受氧化后形成$CuSO_4$和$FeSO_4$，遇石灰岩形成孔雀石、蓝铜矿或褐铁矿铁帽；在次生富集带则转变为斑铜矿和辉铜矿，可作为找矿标志。

鉴定特征：其致密块体有时与黄铁矿相似，无解理，具导电性。可以从其较深的黄铜黄色及较低的硬度相区别。条痕近黑色，以其脆性与自然金（强延展性）区别。

黄铜矿为炼铜的主要矿物。黄铜矿在氧化及还原条件下极易变成其他次生铜矿，如孔雀石、蓝铜矿、辉铜矿、斑铜矿等。黄铜矿产地分布较广，主要有甘肃白银厂、山西中条山、长江中下游（如湖北、安徽）、云南东川以及内蒙古、黑龙江等省区。近年在江西东北部德兴、西藏玉龙等发现大型铜矿床。

（3）斑铜矿（Cu_5FeS_4）：晶体极少见，多呈致密块状集合体。新鲜断口呈铜红－古铜色，旧表面则因氧化而呈蓝紫斑状的锖色，因而得名（图3-30）。条

痕灰黑色，半金属光泽，不透明，硬度3，性脆，相对密度4.9～5.1，具导电性。

成因产状：斑铜矿为许多铜矿床中广泛分布的矿物；在热液成因的斑岩铜矿中，与黄铜矿，有时与辉钼矿、黄铁矿呈散染状分布于石英斑岩中；还见于某些接触变质的矽卡岩矿床中和铜矿床的次生富集带中。

鉴定特征：斑铜矿可以从其特有的暗铜红色及锖色中加以鉴定，并与辉铜矿和黄铜矿区别。

中国云南东川等铜矿床中有大量斑铜矿。世界其他主要产地有美国蒙大拿州的比尤特，墨西哥的卡纳内阿，智利的丘基卡马塔等。

（4）辉铜矿（Cu_2S）：完好晶体少见，一般呈块状、粒状集合体。铅灰-黑

2cm

△ 图3-30 斑铜矿

色（表面有时具翠绿色或天蓝色小斑），条痕黑灰色，金属光泽，（风化面常有一层无光被膜），不透明（图3-31）。硬度2～3，解理不清楚，稍具延展性，比重5.5～5.8。小刀刻画时不成粉末，留下光亮刻痕，为电的良导体。

成因产状：见于热液成因的铜矿床中，是构成富铜贫硫矿石的主要成分，常与斑铜矿共生；外生辉铜矿见于含铜硫化物矿床氧化带下部。

鉴定特征：以其暗铅灰色、低硬度和弱延展性区别于其他含铜硫化物；可以从它的颜色、硬度、易熔和易污手等特性中加以鉴定。

辉铜矿大部分是原生硫化物氧化分解再经还原作用而成的次生矿物。含铜成分高，是最重要的炼铜矿石。我国云南东川铜矿等有大量辉铜矿。世界其他主要产地有美国阿拉斯加州的肯纳科特、内华达州的伊利、亚利桑那州的莫伦西，纳米比亚的楚梅布等。

（5）铜蓝（CuS）：晶体属六方晶系的硫化物矿物。含铜量达66.48%，是提炼铜的矿物原料。铜蓝呈靛蓝色，中文名由此而来。金属光泽或光泽暗淡，具完全底面解理，硬度1.5～2，比重4.67，通常呈细薄片状、被膜状或烟灰状集合体（图3-32）。

成因产状：铜蓝主要是外生成因，它是含铜硫化物矿床次生富集带中最为常见的一种矿物，与辉铜矿等伴生，组成含铜很富的矿石。

代表性的产地如俄罗斯乌拉尔的布利亚温。热液成因的铜蓝罕见，美国蒙大拿州的比尤特、塞尔维亚的博尔等铜矿床中有产出。

▲ 图3-31　辉铜矿

▲ 图3-32　铜蓝

（6）黝铜矿（$Cu_{12}As_4S_{13}$）：形态为单晶体四面体，英文名即由此而来。常呈双晶，并有三角形晶面，还以粒状、块状和致密状集合体产出，灰-黑色，条痕从黑色、棕色到红色不等（图3-33）。参差状-贝壳状断口，不透明，金属光泽，硬度3～4.5，比重4.6～5.0。与砷黝铜矿构成完全类质同象系列。

成因产状：为各种热液矿床中的次要矿物，与黄铜矿、方铅矿、闪锌矿、毒砂等共生。在氧化带易分解成各种铜的次生矿物，如孔雀石、铜蓝。

▲ 图3-33　黝铜矿

（7）赤铜矿（Cu_2O）：晶体属等轴晶系（立方晶系），主要呈立方体或八面体晶形，或与菱形十二面体形成聚形。晶形沿立方体棱的方向生长形成毛发状或交织成毛绒状形态，也包括长条形、闪闪发亮的晶体，称毛赤铜矿。集合体呈致密块

状、粒状或土状，新鲜面洋红色，光泽为金刚光泽或半金属光泽（图3-34），长时间暴露于空气中即呈暗红色而光泽暗淡，条痕棕红色。端口贝壳状或不规则状。硬度3.5～4.0，比重6.14。有时可作宝石，但易碎。

成因产状：产于铜矿床氧化带中，常与自然铜、孔雀石、蓝铜矿、硅孔雀石、褐铁矿共生。

▲ 图3-34　赤铜矿

三、铝的应用及含铝矿物

铝是一种轻金属，其化合物在自然界中分布极广，地壳中铝的含量约为8%（重量），仅次于氧和硅。在金属品种中，仅次于钢铁，为第二大类金属。铝具有特殊的化学、物理特性，是当今最常用的工业金属之一，不仅重量轻，质地坚，而且具有良好的延展性、导电性、导热性、耐热性和耐核辐射性，是国民经济发展的重要基础原材料。

铝的比重为2.7，密度约为一般金属

的1/3，而常用铝导线的导电度约为铜的61%，导热度为银的一半。虽然纯铝极软且富延展性，但仍可靠冷加工及做成合金来使它硬化。

铝土矿是铝的重要来源，它的主要成分是三水铝石、软水铝石和硬水铝石。明矾石也可用来炼铝。明矾石是一种广泛分布的硫酸盐矿物，我们熟悉的明矾就是由它制取的。

近五十年来，铝已成为世界上最为广泛应用的金属之一。在建筑业上，由于铝在空气中的稳定性和阳极处理后的极佳外观而得到广泛应用；在航空及国防军工方面也大量使用铝合金材料；在电力输送上则常用高强度钢线补强的铝缆；此外，汽车制造、集装箱运输、日常用品、家用电器、机械设备等都需要大量的铝。

（1）三水铝石［Al（OH）₃］：三水铝石的晶体一般极为细小，呈假六方片状，并常成双晶，通常以结核状、豆状、土状集合体产出（图3-35）。晶体白色，或因杂质染色而呈淡红-红色。玻璃光泽，解理面显珍珠光泽，底面解理极完全，硬度2.5～3.5，比重2.40。

成因产状：三水铝石主要是长石等含铝矿物化学风化的次生产物，是红土型铝土矿的主要矿物成分，但也可为低温热液成因，为铝矿物蚀变的产物。

鉴定特征：贴近三水铝石时，会闻到湿黏土味。

（2）软水铝石（Al₂O₃·H₂O）：又称一水软铝石、薄水铝石、勃姆石。Al₂O₃含量85%，常含铁和镓。斜方晶系，晶体极少见，通常以松散状或豆状集合体产出（图3-36）。白色或微带黄色，玻璃光泽，硬度3.5，完全解理，密度

▲ 图3-35 三水铝石

▲ 图3-36 软水铝石

3.01～3.06。

成因产状：主要在外生作用中形成，是铝土矿的主要矿物成分。也作为热液作用的产物常见于碱性伟晶岩中。

（3）硬水铝石［AlO（OH）］：晶体板状、针状或片状，也以块状、叶片状、鳞状或钟乳状集合体产出，常呈浸染和粒状（图3-37）。常见的颜色有白、浅灰、浅黄、浅绿、棕、紫或粉红色，条痕白色。透明-半透明，玻璃光泽，具完全解理，解理面上呈珍珠光泽。硬度6.5～7，比重3.3～3.5，断口呈贝壳状。

▲ 图3-37 硬水铝石

成因产状：形成于蚀变的岩浆岩和大理岩中，与磁铁矿、尖晶石、白云石、绿泥石和刚玉等多种矿物共生。当与铝土和含铝黏土矿物共生时，也见于黏土沉积。

（4）明矾石［KAl$_3$（SO$_4$）$_2$（OH）$_6$］：晶体呈菱面体，常呈假立方体，常以块状、纤维状、粒状和致密状集合体产出（图3-38）。白色，常带浅灰、浅红、浅黄或棕色色调，条痕白色。透明-几乎不透明，玻璃或珍珠光泽。硬度3.5～4，比重2.6～2.9，清楚底面解理，断口呈贝壳状。

成因产状：以矿脉矿物的形式形成于火山岩中。

▲ 图3-38 明矾石

四、铅的应用及含铅矿物

铅是一种蓝灰色金属，其化学符号是Pb（拉丁语Plumbum），原子序数为82。铅是一种软的重金属，有毒性，是一种有延伸性的金属。铅的本色是青白色，在空气中它的表面很快被一层暗灰色的氧化物覆盖。铅被用作建筑材料，用在乙酸铅电池中，用作枪弹和炮弹，焊锡和奖杯。

自然界中纯的铅很少见，最主要的铅矿石是方铅矿（PbS），其含铅量达86.6%，其他常见的含铅的矿物有白铅矿（$PbCO_3$）和铅矾（$PbSO_4$）。世界上最大的产铅国是中国、美国、澳大利亚、俄罗斯和加拿大。

没有氧化层的铅色泽光亮，密度高，硬度非常低，延伸性很强。它的导电性能相当低，抗腐蚀性能很高，因此，它往往用来作为装腐蚀力强的物质（比如硫酸）的容器。加入少量锑或其他金属可以更加提高它的抗腐蚀力。早在7000年前，人类就已经认识铅了。它分布广，容易提取，容易加工，既有很高的延伸性，又很柔软，而且熔点低。在《圣经——出埃及记》中就已经提到了铅。

从20世纪80年代中期开始，铅的应用开始骤然下降。主要原因是铅的生理作用和它对环境的污染。今天，汽油、染料、焊锡和水管一般都不含铅了，且半数以上的铅是回收来的。

（1）方铅矿（PbS）：晶体常为六面体或六面体与八面体的聚形，一般呈致密块状或粒状集合体（图3-39）。铅灰色，条痕黑灰色，金属光泽，不透明。硬度2.5～2.75，三组立方解理完全，

▲ 图3-39　方铅矿

性脆，比重7.4～7.6，具有弱导电性和良检波性。

　　成因产状：主要形成于中温热液矿床中，常与闪锌矿一起形成铅锌硫化物矿床。方铅矿也可形成于接触交代矿床中。

　　鉴定特征：铅灰色，硬度低，比重大，可以碎成立方小块。

　　方铅矿为最重要的铅矿石，因其中常含银，也是重要的炼银矿石。我国方铅矿产地甚多，湖南常宁县水口山为知名产地。近年在云南兰坪、广东凡口、青海锡

铁山等地发现了特大型铅锌矿床，其储量已跃居世界前列。

　　（2）白铅矿（$PbCO_3$）：晶体常呈板状，也可呈针状，常见双晶聚集，集合体块状、粒状、致密状和钟乳状（图3-40）。白色或无色，含铅的包裹体时也呈灰、浅绿或蓝色，条痕白色。透明-半透明，金刚、玻璃或松脂光泽。硬度3～3.5，清楚柱面解理，断口呈贝壳状。

　　成因产状：形成于铅、铜和锌共生矿脉的氧化带。

▲ 图3-40　白铅矿

鉴定特征：溶于酸，尤其是稀硝酸，并生气泡，在紫外光下有时发荧光。

（3）铅矾（$PbSO_4$）：正交晶系（斜方晶系），晶体呈板状、短柱状或锥状，集合体成粒状、致密块状、结核状、钟乳状等（图3-41）。无色-白色，常因包含未氧化的方铅矿而呈暗灰色。金

刚光泽，解理中等，断口贝壳状，硬度2.5～3，比重6.1～6.4，在紫外线照射下发黄色或黄绿色荧光。

铅矾溶解度极低，常成皮壳状包裹方铅矿，并阻止方铅矿进一步分解。在含碳酸的水的作用下，铅矾易转变为白铅矿，量多时可作提炼铅的矿物原料。

成因产状：主要产于铅锌硫化物矿床的氧化带中，由方铅矿等含铅硫化物经氧化作用而成。

（4）脆硫锑铅矿（$Pb_4FeSb_6S_{14}$）：又称"羽毛矿"，矿物呈块状和羽毛状集合体产出，由于晶体形态呈柱状或针状-纤维状，故有"羽毛矿"之称（图3-42）。

△ 图3-41　铅矾

△ 图3-42　脆硫锑铅矿

呈铅灰色，不透明，金属光泽，质软，硬度2.5～3，比重5.6。主要产于多金属热液矿床中，可作为提炼铅和锑的矿物原料。

成因产状：产于中、低温热液矿床成矿晚期，灼热而富含化学物质的热液侵入节理和断层冷却，形成矿物，在氧化带分解成铅矾、白铅矿、锑华等。与方铅矿、闪锌矿、黝铜矿、硫铅锑矿等共生，也与碳酸盐崖壁以及常见的石英矿共生。

（5）**硫锑铅矿**（$Pb_5Sb_4S_{11}$）：单斜晶系，晶体呈长柱状，有时呈针状，也以块状、纤维状或羽毛状集合体产出（图3-43）。铅灰-蓝灰色，条痕灰黑，微带棕色，不透明，暗淡或金属光泽，性脆，硬度2.5～3，解理平行中等，比重6.23。

成因产状：与多种矿物共生于热液

△ 图3-43　硫锑铅矿

矿脉，包括方铅矿、黄铁矿、闪锌矿、黝铜矿、砷黝铜矿和淡红银矿等，以及石英和多种碳酸盐矿物。

五、钨的应用及含钨矿物

钨是银白色金属，熔点高达3 400℃，钨的硬度大、密度高、高温强度好。

黑钨矿〔$(Fe，Mn)WO_4$〕是提炼钨的最主要矿石，也称钨锰铁矿，由于含有不同比例的铁钨酸盐和锰钨酸盐，所以如果含铁量高一些就叫钨铁矿，含锰多一些就叫钨锰矿。此外，还有白钨矿（$CaWO_4$）等也可以提炼钨。

钨主要用于生产硬质合金和钨铁。钨与铬、钼、钴等组成耐热耐磨合金，用于制作刀具、金属表层硬化材料等。钨与钽、铌、钼等组成难熔合金。钨铜和钨银合金用于制作电灯泡、电子管的部件和电弧焊的电极。钨的一些化合物可作荧光剂、颜料、染料等。钨广泛应用于石油和天然气、矿业、电子、金属加工、机器设备、重型制造业，这些领域占钨应用总量的85%，其他主要应用于军事、核能和航空航天工业等。随着经济的发展和科技的进步，我国钨的应用范围正在逐步扩大，产品品种日益增加，极大地满足了国民经济和国防建设的需要。

中国是世界上最大的钨供应国。美国、日本、西欧是世界上钨的主要消费国家和地区，合计占世界总消费量的60%～65%，但这些国家的钨精矿产量只能满足其需求量的12%～15%，大多靠进口，因而也是最重要的钨进口国。

（1）钨锰铁矿〔(Fe, Mn) WO$_4$〕：又称黑钨矿，常呈厚板状或柱状，晶面上有直立条纹，一般多呈板状、粒状或致密块状（图3-44）。黑褐-铁黑色，条痕红褐到近于黑色（较颜色浅），金属或半金属光泽，不透明，硬度5～5.5，一组完全解理，比重6.7～7.5。

鉴定特征：厚板状晶体，黑褐色，单向完全解理，比重很大。

钨锰铁矿多分布于花岗岩与围岩接触地带的石英脉中，是极重要的钨矿石。我国钨矿储量及产量居世界第一位，钨金属储量为国外总储量的3倍多。江西南部的大余、湖南郴州柿竹园的钨矿，是世界上最大的钨矿。

（2）白钨矿（CaWO$_4$）：晶体呈假八面体状或双锥状，常成双晶，集合体块状、粒状或柱状（图3-45）。白色、无色、灰色、浅黄色、橘黄色、棕绿色、浅红色或紫色，条痕白色。透明-半透明，玻璃-金刚光泽，硬度4.5～5，比重5.9～6.1，解理清楚，断口呈亚贝壳状-参差状。

▲ 图3-44 钨锰铁矿

▲ 图3-45 白钨矿

成因产状：形成于热液矿脉、接触变质岩和伟晶岩中，也见于沉积矿床，并且常与黑钨矿共生，是重要的钨矿石。

鉴定特征：在短波紫外光下发出鲜艳的蓝白荧光，溶于酸，可熔但难熔。

六、钼的应用及含钼矿物

炼钼的重要矿物原料为辉钼矿（MoS_2），其他较常见的含钼矿物还有铁钼矿［$Fe_2(MoO_4)_3 \cdot 8H_2O$］、钼钙矿（$CaMoO_4$）、钼铅矿（$PbMoO_4$），胶硫钼矿（$MoS_2$）、蓝钼矿（$Mo_3O_8 \cdot nH_2O$）等。

钼是银灰色的难熔金属，主要用于钢铁工业，其中大部分以工业氧化钼形式压块后，直接用于炼钢或铸铁，少部分熔炼成钼铁后再用于炼钢。低合金钢中钼含量不大于1%，但这方面的消费却占钼消费量的50%左右。不锈钢中加入钼，能改善钢的耐腐蚀性。铸铁中加入钼，能提高铁的强度和耐磨性能。含钼18%的镍基超合金具有熔点高、密度低和热胀系数小的特性，用于制造航空和航天的各种高温部件。金属钼在电子管、晶体管及整流器等电子器件方面应用广泛。氧化钼和钼酸盐是化学和石油工业中的优良催化剂。二硫化钼是一种重要的润滑剂，用于航天和机械工业部门。钼还是人体必需的微量元素之一，缺少钼会引起肾结石和龋齿。

美国、中国和智利是世界三大产钼国，合计产量占世界总产量的近80%。主要进口国有日本、德国、法国、英国、意大利和比利时。

（1）辉钼矿（MoS_2）：晶体有不同类型，分属六方和三方晶系的硫化物矿物。呈铅灰色，表面上看像铅，条痕为亮铅灰色，强金属光泽。通常呈叶片状、鳞片状集合体（图3-46）。一组极完全底面解理。硬度为1～1.5，比重4.7～5.0。薄片具挠性，在光薄片下不透明，有白色-灰白色的强烈多色性和非均质性。与石墨相似，但因其密度较大、光泽较强、颜色及条痕较淡与石墨相区别。

成因产状：主要是在高、中温热液中形成，其矿床成因与酸性岩相关；最重要的钼矿床为斑岩钼矿。辉钼矿与锡石、

▲ 图3-46 辉钼矿

黑钨矿、辉铋矿、毒砂等共生或与石榴石、透辉石、绿帘石、白钨矿等共生。

鉴定特征：辉钼矿以其铅灰色，金属光泽，硬度低，底面解理极完全，比重大，光泽强，颜色及条痕较淡，可与相似的石墨区别；比石墨重，同时略带蓝色，石墨则略带棕色；在条痕方面，辉钼矿条痕呈绿色，但石墨呈黑色。在空气中灼烧或将其在硝酸中煮之，可得三氧化钼。

辉钼矿常产于花岗岩与石灰岩的接触带。辉钼矿含钼59.94%，是提炼钼的最主要矿物原料。常含铼，是自然界已知含铼最高的矿物，也是提炼铼的最主要矿物原料。我国辽宁的杨家杖子为著名的钼矿产地。近年在陕西、河南等省发现了大型钼矿床，使我国钼矿储量名列世界前茅。

（2）铁钼华[Fe₂(MoO₄)₃·8H₂O]：铁钼华的晶体很小，呈纤维、皮壳、放射状集合体，或呈土状、粉末状及覆盖在其他岩石上的被膜状（图3-47）。颜色为黄色，具有金刚光泽或丝绢光泽。硬度1～2，比重4.46，完全解理，断口不平坦，条痕淡黄色。

成因产状：为钼的硫化物的氧化物。

产地：世界著名产地有澳大利亚、意大利和加拿大等地。

（3）彩钼铅矿（PbMoO₄）：又称钼铅矿、钼酸铅矿，是提取钼的比较重要的来源，也是常见的钼矿物。属四方双锥晶类，单形有锥状，有时有四方柱。比重6.5～7.0，清楚的角锥形解理，亚贝壳状断口，黄色、蜡黄色、稻草黄色、橘黄-橘红色，条痕白色，透明-半透明，金刚光泽（图3-48）。

成因产状：多见于铅锌矿矿床氧化带中，常交代白铅矿等。

▲ 图3-47　铁钼华

▲ 图3-48　钼铅矿

世界著名的产地有捷克波西米亚的普里布拉姆、摩洛哥的乌季达、阿尔及利亚的西迪苏莱曼、澳大利亚新南威尔士州的布罗肯希尔、墨西哥阿乌马达矿、美国的亚利桑那州等地。

七、镁的应用及含镁矿物

镁是10种常用有色金属之一，其蕴藏量丰富，在地壳中的含量达到2.1%～2.7%，在所有元素中排第8位，是仅次于铝、铁、钙，居第4位的金属元素。

镁矿资源主要来自白云石、菱镁矿、水镁石和镁橄榄石等。

镁是一种应用较晚的金属。镁的化学性质活泼，主要用于制造铝合金。镁作为合金元素可提高铝的机械强度，改善机械加工性能以及对碱的抗腐蚀性能。由于镁基合金（含铝、锰、锌、锂等）的结构件和压铸件的强度大，在汽车、航天、航空等领域中，用镁代替部分铝，可减轻结构件的质量。镁和卤素的亲和力强，是用金属热还原法生产钛、锆、铀、铍等的重要还原剂。镁可作生产球墨铸铁的球化剂。在钢铁冶炼中，用镁替代碳化钙脱硫。

中国是世界第一大镁生产国，约占世界原镁产量的80%。

（1）白云石［$CaMg(CO_3)_2$］：晶体常为菱面体，但晶面稍弯曲成弧形，多呈块状、粒状集合体。乳白、粉红、灰绿等色，玻璃光泽（图3-49）。三组解理完全，硬度3.5～4，比重2.8～2.9。在稀盐酸中分解缓慢。

▲ 图3-49　白云石

鉴定特征：白云石与方解石十分相似，主要区别为方解石遇酸猛烈起泡，白云石遇酸微微起泡。

白云石主要是在咸化海（含盐量大于正常海）中沉淀而成，或者是普通石灰岩与含镁溶液置换而成。白云石是白云岩的主要造岩矿物，可用作优质耐火材料（用于钢铁及冶金方面）。

（2）菱镁矿（$MgCO_3$）：形成菱面体晶体，很少呈柱状、板状或偏三角面体形晶体。常以块状、片状、纤维状和粒状集合体产出。无色、白色、灰色、浅黄色或棕色，条痕白色，透明-半透明，玻璃或暗淡光泽（图3-50）。硬度3～4，完全菱面体解理，断口贝壳状-参差状。

成因产状：形成于热液矿脉、变质岩和沉积岩中。

（3）水镁石［$Mg(OH)_2$］：常见单形为平行双面、六方柱、菱面体。晶体通常呈板状、细鳞片状、浑圆状、不规则粒状集合体，有时出现平行纤维状集合体（图3-51）。颜色呈白、灰白色，当有Fe、Mn混入时呈绿、黄或褐红色。新鲜面和断口玻璃光泽，解理面珍珠光泽，纤水镁石呈丝绢光泽，透明，解理极完全，硬度2.5。细片具挠性及柔性，相对密度2.3～2.6，具热电性。块状水镁石白度可达95%。

成因产状：主要与蛇纹岩有关，亦产于接触变质石灰岩、片麻岩中。

鉴定特征：易溶于盐酸，不起泡；硬度大于滑石和石膏，滑感不及滑石；不如白云母薄片有弹性。

（4）橄榄石［$(Mg，Fe)_2SiO_4$］：晶体扁柱状，在岩石中呈分散颗粒或粒状集合体。橄榄绿色，玻璃光泽，透明-半透明（图3-52）。硬度6.5～7，解理中等或不清楚，性脆，比重3.3～3.5。

▲ 图3-50 菱镁矿

▲ 图3-51 水镁石

▲ 图3-52 橄榄石

鉴定特征：橄榄绿色，玻璃光泽，硬度高。

橄榄石为岩浆中早期结晶的矿物，是基性和超基性火成岩的重要造岩矿物，不与石英共生。橄榄石在地表条件下极易风化变成蛇纹石。

八、银的应用及含银矿物

银是从古代就被发现和利用的金属之一。银在自然界中虽然也有单质存在，但绝大部分是以化合态的形式存在。纯银是一种美丽的白色金属，它的拉丁文名字来自梵文，意思是浅色的。

目前已知的以银为主要元素的银矿物和含银矿物有60多种，但具有重要经济价值，作为白银生产的主要原料有自然银（Ag）、金银矿（AgAu）、辉银矿（Ag_2S）、深红银矿（Ag_3SbS_3）、淡红银矿（Ag_3AsS_3）、角银矿（AgCl）、脆银矿（Ag_5SbS_4）等。

银具有很高的延展性，因此可以碾压成只有0.000 3 mm厚的透明箔，1 g重的银粒就可以拉成约2 km长的细丝。

银的导热性和导电性在金属中均名列前茅。银丝可用来制作灵敏度极大的物理仪器元件；无线电系统中重要的元件在焊接时也要用银作焊料。各种自动化装置、火箭、潜水艇、计算机、核装置以及通信系统中都有大量的接触点，在使用期间，每个接触点要工作上百万次。为了能承受这样严格的工作要求，接触点必须耐磨，性能可靠，还必须能满足许多特殊的技术要求。银可以满足这些要求，所以这些接触点一般就是用银制造的。

（1）自然银（Ag）：等轴晶系，单晶呈立方体和八面体或两者的聚形，但极少见。集合体成树枝状、不规则薄片状、粒状和块状（图3-53）。银白色，不透明，金属光泽。新鲜断口呈银白色，但表面往往呈灰黑的锖色。硬度2.5，延展性强。电和热的良导体，比重10.1～11.1。

成因产状：热液成因的自然银主要见于一些中、低温热液矿床。呈显微粒状分布于铅锌热液矿床的硫化物中。它的富集往往见于所谓Ni-Co-U-Bi-Ag碳酸

▲ 图3-53　自然银

岩脉矿床中，与钴镍砷化物、银的硫盐矿物、自然铋、沥青铀矿等共生。外生成因的自然银见于硫化物矿床氧化带，其成因类似于外生成因的自然铜。自然界最大的银块于1875年在撒克逊尼亚的福莱堡地下300 m深处发现，质量为5 000 kg。智利曾发现过重达1 420 kg的片状自然银。

（2）深红银矿（Ag_3SbS_3）：晶体呈各种形式的短柱状，集合体为致密块状或粒状。颜色深红色、黑红色或暗灰色，条痕暗红色，金刚光泽、半透明（图3-54）。完全解理，断口贝壳状-参差状，硬度2～2.5，相对密度5.77～5.86。常见于中、低温铅锌矿床中，为晚期形成矿物，也可以在次生富集中形成。

▲ 图3-54　深红银矿

成因产状：硫盐类，与银以及其他矿物，如黄铁矿、方铅矿、石英、白云石和方解石共生于热液矿脉。

（3）脆银矿（Ag_5SbS_4）：斜方单锥晶类，晶体短柱状或板状，板面上有斜的晶面条纹，双晶（图3-55）。铁黑色，黑色条痕，不透明，金属光泽，无发光性，矿相在显微镜下反射色灰色带粉红紫罗兰色调。硬度3.5～4.5，比重6.25～6.47，解理不完全，断口参差状-次贝壳状。

▲ 图3-55　脆银矿

成因产状：产于含银脉状矿床中，与自然银、其他银矿物、黝铜矿和硫化物共生。

鉴定特征：溶于硝酸，同时产生砷和氧化硫，很易于熔化。以其形态、颜色和金属光泽作为鉴定特征。

（4）硫锑铜银矿［$(Ag、Cu)_{16}Sb_2S_{11}$］：晶体板状和假六方晶体，晶面常有三角形条纹，此外，也以块状集合体产出。硫锑铜银矿是提炼银的重要矿石。铁黑色，条痕黑色，薄片可能呈暗红色。不透明，新鲜面呈金属光泽（图3-56）。硬度2～3，比重6.0～6.3，解理不完全，断口呈参差状。

△ 图3-56 硫锑铜银矿

成因产状：与自然银，以及其他硫盐矿物，如方铅矿、辉银矿和其他银、铅矿物共生于热液矿脉中。

（5）**角银矿**（AgCl）：属于卤化物矿物。单晶体呈立方体形，极少见，通常呈皮壳状或角质状块体。新鲜面无色，暴露后从灰色变为绿色或黄色，最后变成紫棕色（图3-57）。透明-几乎不透明，松脂-金刚光泽，硬度2.5，无解理，比重5.5。可作为提炼银的矿物原料。

成因产状：为银矿床氧化带的次生矿物。

鉴定特征：常温下氯银矿石具有可锻性；在蜡烛火焰下即可熔化；溶于氨水，却不溶于硝酸。

九、其他常见金属矿物

除了上述常见的金属外，还有金、铂、钴、锰、钒、铬、钛、锗、锑、铟、锡、钯、铑、铌、锆、锶、铷、镓等多种金属矿物广泛应用于我们的日常生活中。

（1）**自然金**（Au）：等轴晶系，六八面体晶类，完好晶体少见。常见单形：立方体、菱形十二面体、八面体以及四六面体、四角三八面体。常形成双晶，可见平行连生晶形。一般多呈不规则粒状，还可见团块状、薄片状、鳞片状、网状、树枝状、纤维状、海绵状等集合体（图3-58）。

△ 图3-57 角银矿

△ 图3-58 自然金

尽管自然金的单体形态十分复杂，但归纳起来共有三种基本的形态，即粒状、片状、树枝状。影响金矿物形成的因素很多，但主要是地质产状、载金矿物的成分和数量。产状是决定金矿物的空间因素，一般来说，金矿物以细粒等轴状或浑圆状为主，因为在此条件下应力作用表现微弱，以静压力为主，金处于四周压力大致相等的条件，金原子总是按最紧密的堆积方式排列，故此时形成的自然金多呈等轴状。若地壳的应力作用大大超过静压力作用时，金粒的生长顺着压力作用的方向发育，而且构造活动越强，金粒

的长宽比值越大，相应出现片状、板状、纤维状等形态。

在各种类型的金矿床中，由深部向地表过渡时，金矿物的晶体形态畸变程度逐渐增大，主要表现为拉长和片化作用的增加，这主要是由于非均一性杂质银的含量增加，压力差和溶液沸腾等因素影响所致。一般来说，生成于中、深金矿床或金矿床的中、深部位的金矿物的晶体形态，通常是与菱形十二面体形成聚形的立方八面体。在深成矿床中，金矿物的形态通常为八面体，而近地表的金矿物，形态比较复杂，多呈片状、树枝状、纤维状等

——地学知识窗——

可遇不可求的狗头金

狗头金是天然产出的，质地不纯的，颗粒大而形态不规则的块金。它通常由自然金、石英和其他矿物集合体组成。因其形似狗头而称之为狗头金。

狗头金的形成是由于在金矿附近富含金的地下水和生物富集作用，在条件适合的情况下富集沉积形成。狗头金中含有较多的石头和杂质，并且坑坑洼洼，是由于其产生的环境大多在富含地下水的沙粒中，所以富含沙粒，表面坑坑洼洼也是由于沙子、石头的镶嵌造成的，后期沙子、石头掉落，就在表面留下了沙子、石头等形状的坑洼。

根据统计资料，世界上已发现大于10 kg的狗头金有8 000～10 000块。数量最多的国家首推澳大利亚，占狗头金总量的80%。其中，最大的一块重达235.87 kg的狗头金也产于澳大利亚。

复杂形态。

成因产状：自然金主要产于高、中温热液成因的含金矿脉中，或产于火山岩系与火山热液作用有关的中、低温热液矿床中。由于其形状和出现很不寻常，也引起了科学家们的兴趣，四川成都生物研究所的研究人员开展了"狗头金"微生物成矿机理的实验研究。他们从孔隆沟金矿的水和土样中分离出细菌、霉菌后发现，这些微生物在生长的初期和中期，善于把可溶态金吸附和聚集在体内形成胶体状，到达生长后期，又把体内的胶状金络离子还原沉淀成自然金。微生物又是群集而生，如此周而复始地进行，日久天长，在有利于这种微生物生长的地方，从一个小小的金晶核，逐渐聚集成一块自然金块。这就是天然金块形成的原因。

鉴定特征：颜色和条痕均为金黄色，富含银者为淡黄-乳白色。强金属光泽，密度大，富延展性。空气中不氧化，化学性质稳定，真金不怕火炼，而铜锌合金虽呈金黄色，但火烧即失去色泽。细粒而晶形完好的黄铁矿易被误认为金，但锤击易碎，真金则不碎。

（2）**自然铂（Pt）**：等轴晶系，六八面体晶类；呈粒状或葡萄状，偶见立方体晶形。断口呈锯齿状，视铁含量多少，由银白-钢灰色，银灰色条痕（图3-59）。不透明，金属光泽，无荧光，具延展性，熔点为1 774℃；含铁时微具磁性，是电和热的良导体。

成因产状：主要产在橄榄辉长岩、辉石岩、橄榄岩和纯橄榄岩等基性和超基性的火成岩中，共生矿物有橄榄石、铬铁矿、辉石和磁铁矿等。在含有自然铂的火

▲ 图3-59　自然铂

成岩附近，常形成含铂的残积矿床或坡积矿床。

鉴定特征：比重特别高；具有相当强的延性和展性；除了热王水外，不溶于任何酸中；条痕呈白-银灰色；以比重高和硬度大区别于自然银。

（3）闪锌矿（ZnS）：一般多为致密块状或粒状集合体。浅黄、黄褐至铁黑色（视含Fe多少而定），条痕较矿物色浅，呈浅黄或浅褐色（图3-60）。金刚光泽（新鲜解理面）、半金属光泽（深色闪锌矿）或稍具松脂光泽（浅色闪锌矿）。半透明（浅色者）-不透明（深色者），硬度3.5～4，六组完全解理，性脆，比重3.9～4.1。

成因产状：闪锌矿主要产于接触矽卡岩型矿床和中、低温热液成因矿床中，

是分布最广的锌矿物。

闪锌矿为最重要的锌矿石，其中常含有镉（Cd）、铟（In）、镓（Ga）等类质同象混入物，是有价值的稀有元素。闪锌矿常与方铅矿共生。我国产地以云南金顶、广东凡口、青海锡铁山等最著名。

（4）自然锑（Sb）：三方晶系，晶体极少见，为假立方体，常呈钟乳石状、块状或放射状。锡白色，略带蓝色。氧化后为灰-深灰色，而且微蓝色消失，条痕黑色（图3-61）。不透明，金属光泽，硬度3～4。解理发育好，单向劈理完整，断口不整齐，比重6.6～6.7，脆性，且遇冷膨胀。主要成分是锑，经常伴生有少量的砷、铁、银和硫黄，用于提炼锑和制造锑白等锑化合物。

▲ 图3-60　闪锌矿

▲ 图3-61　自然锑

成因产状：热液成因，与自然砷、银、方铅矿、闪锌矿、黄铁矿、辉锑矿和锑硫化物共生于热液矿脉中。

鉴定特征：光泽暗淡，硬度低；在空气中燃烧冒白烟，火焰呈绿色。

（5）**辉锑矿**（Sb_2S_3）：含锑71.69%，是锑的最重要的矿石矿物。属正交（斜方）晶系。晶体为具有锥面的长柱状或针状，柱面具明显纵纹，一般呈柱状、针状或块状集合体。铅灰色，条痕黑灰（图3-62）。强金属光泽，不透明，硬度2～2.5，一组解理完全，性脆，比重4.5～4.6。

成因产状：见于中、低温的热液矿床中。

鉴定特征：铅灰色，柱状晶形，解理面上有横纹，柱状、针状集合体；硬度低（指甲可刻动），单向完全解理，极易熔化；对于细粒的块体，滴KOH于其上，立刻呈现黄色，随后变成橘红色，以此区别于与其类似的氧化物；它和方铅矿有时看来颇为类似，但是比方铅矿轻，晶形亦不相同。

辉锑矿是最重要的锑矿石。我国为著名的产锑国家，储量居世界第一位，尤以湖南新化锡矿山的锑矿著名，其储量大，质量高。

．（6）**辉砷钴矿**（CoAsS）：等轴晶系，晶体呈八面体、立方体、五角十二面体或它们的聚形，集合体呈粒状或致密块状。微带玫瑰红的白色，条痕灰黑色（图3-63）。金属光泽，硬度5～6，比重6.0～6.5。

成因产状：热液成因矿物，产于接

▲ 图3-62　辉锑矿

▲ 图3-63　辉砷钴矿

触交代矿床和含钴热液矿脉中，常与毒砂、磁铁矿等共生。在地表，在氧化带易生成玫瑰色粉末状钴华，为找原生钴矿的标志。

鉴定特征：以颜色艳丽、硬度大、晶形和风化面上经常形成玫瑰色钴华为特征。

辉砷钴矿是钴的硫砷化物矿物，是提炼钴的重要矿物原料。钴在高温下能够保持原有的强度和性能，被用于高温运转的装置。钴还被用来制作多种合金、陶瓷釉料、颜料等等。

（7）方钴矿（$CoAs_3$）：偏方复十二面体晶类，一般为粒状集合体，晶体少见。锡白-钢灰色，有时带浅灰或虹彩锖色，灰黑条痕（图3-64）。硬度5.5～6.0，比重6.8，解理平行和不完全，断口参差状，金属光泽，无发光性，具导电性。

△ 图3-64 方钴矿

世界上主要的方钴矿产地为加拿大安大略省。

（8）车轮矿（$CuPbSbS_3$）：晶体呈短柱状和沿（001）的板状，常呈双晶并有条纹，也以块状、粒状、致密集合体产出。钢灰-黑色，深灰色或黑色条痕（图3-65）。不透明，亮光的金属光泽，常呈假立方状，硬度2.5～3，比重5.7～5.9，不完全解理，断口呈半贝壳状或参差状，性脆，无发光性。

△ 图3-65 车轮矿

成因产状：广泛分布在中温和低温热液矿床中，但数量不大，主要在铅锌和多金属矿床中，与较晚的硅化阶段有关，在低温锑矿中为早期析出的矿物，在氧化带中则易分解为孔雀石、白铅矿及氧化锑。

鉴定特征：性脆；在矿相显微镜下反射色为白色，在油中带微弱的蓝灰色调。

车轮矿可作为提炼多金属的来源，包括铅、铜、锑、砷等。利用硝酸溶解后，电镀可提炼铜。

（9）锡石（SnO_2）：晶体常呈正方双锥和正方柱的聚形，通常呈致密块体或柱状、粒状块体产出（图3-66）。棕色、棕黑色，条痕浅褐色，新鲜面金刚光泽，断口松脂光泽，多为不透明，硬度6~7，解理不清楚，性脆，比重6.8~7.1，不溶于酸，化学性稳定。

成因产状：与石英、黄铜矿和电气石等矿物伴生于高温热液矿脉中，也形成于某些接触变质岩中。

鉴定特征：双晶，颜色、硬度等与金红石相似，但锡石的密度大，解理较差，折射率较金红石低。相对高的密度和重折率可与锆石相区别。不溶于任一种酸，不溶于水，棕黑色，硬度高，比重大，断口有松脂光泽。

锡石是工业上唯一炼锡的原料。我国是世界上重要的产锡国家之一，云南个旧为我国著名的锡都，近年又在云南、广西、四川发现了重要的原生锡矿及锡砂矿。

▲ 图3-66 锡石

（10）**软锰矿**（MnO_2）：晶体呈细柱状或针状，不过极为罕见，通常呈块状、致密状或纤维状集合体，树枝状皮壳也常见（图3-67）。钢灰-黑色，条痕蓝黑-黑色，半金属光泽，断口不平坦，硬度随形态和结晶程度而异，呈显晶者为5~6，呈隐晶或块状集合体者降为1~2，比重4.7~5.0，能污手，性脆。加过氧化氢剧烈起泡，放出大量氧气，缓慢溶于盐酸放出氯气，并使溶液呈淡绿色。

▲ 图3-67 软锰矿

成因产状：软锰矿主要由沉积作用形成，在湖泊和沼泽中形成沉积，也在深海底形成结核，是锰矿脉中的次生矿物。

鉴定特征：溶于盐酸；黑色煤烟灰状；性脆，易污手。

软锰矿主要是风化带次生矿物，或在地质时代浅海中沉积而成。软锰矿

是重要的锰矿石，我国湖南、广西、四川、辽宁等地锰矿床中均有大量软锰矿产出。

（11）**红锌矿**（ZnO）：晶体呈异极状的锥形，不过很罕见，常以块状、粒状和叶片状集合体产出。暗红-橘黄色，条痕橘黄色，半透明-透明，半金刚光泽（图3-68）。

▲ 图3-68 红锌矿

成因产状：与方解石、硅锌矿、锌铁尖晶石、碱玄岩伴生于接触变质岩中。红锌矿是提炼锌的重要矿石，由于稀有受到收藏家及矿物学家的珍爱。

鉴定特征：溶于盐酸，不产生任何气泡。还具有荧光，置于火焰中也不熔化。

（12）**铬铁矿**[$(Fe，Mg)Cr_2O_4$]：晶体呈细小的八面体，通常呈粒状和致密块状集合体，颜色黑色，条痕褐色

（图3-69）。半金属光泽，硬度5.5，比重4.2～4.8，具弱磁性。

成因产状：岩浆作用的矿物，常产于超基性岩中，与橄榄石共生，也见于砂矿中。

鉴定特征：黑色，条痕深棕色，硬度大和产于超基性岩中为鉴定特征；铬铁矿外表很像磁铁矿，不同之处是磁性很弱，条痕为棕色，与磁铁矿的黑色不同。

在冶金工业上，铬铁矿主要用来生产铬铁合金和金属铬。铬铁合金作为钢的添加料，可生产多种高强度、抗腐蚀、耐磨、耐高温、耐氧化的特种钢。

（13）钛铁矿（$FeTiO_3$）：三方晶系，晶体少见，常呈不规则粒状、鳞片状、板状或片状（图3-70）。颜色铁黑或呈钢灰色，条痕钢灰或黑色，当含有赤铁矿包体时呈褐或褐红色，金属–半金属光泽，贝壳状或亚贝壳状断口，性脆，硬度5～6，比重4.4～5。

成因产状：钛铁矿一般作为副矿物见于火成岩和变质岩中，也可以形成砂矿，还可见于黑砂中。

鉴定特征：具弱磁性。在氢氟酸中溶解度较大，缓慢溶于热盐酸。溶于磷酸并冷却稀释后，加入过氧化钠或过氧化氢，溶液呈黄褐色或橙黄色。

钛铁矿是铁和钛的氧化物矿物，又称钛磁铁矿，是提炼钛的主要矿石。

▲ 图3-69　铬铁矿

▲ 图3-70　钛铁矿

化工原料矿物

化工原料矿物是指用作化工原料的矿物。品种繁多，广泛存在于海洋、湖泊、山脉、地表和地下等处。这些矿物包括有磷灰石、黄铁矿、自然硫、石盐、钾石盐、硼砂、天然碱、方解石、芒硝、明矾石、蛇纹石、橄榄石、天青石、重晶石、雄黄（含砷矿物）、钠硝石、光卤石、白云石、沸石等。

一、磷灰石

磷灰石 $[Ca_5(PO_4)_3(F, Cl)]$：晶体常呈六方柱状，或以微小晶粒散布于各种火成岩中，有时呈块状、粒状集合体或结核状。绿、白、灰、褐等色，条痕白色，晶面玻璃光泽，断口油脂光泽，半透明–微透明（图3–71）。硬度5，解理不完全。比重3.17～3.23，加热发磷光。

鉴定特征：磷灰石晶体以其六方柱状及标准硬度较为容易判别。

此矿物的胶体变种称胶磷灰石，其矿石称胶磷矿，并常与方解石、黏土等形成混合物，称磷块岩，外观变化极大，必须采取化学方法鉴定：用少许矿物粉末与稍多的钼酸铵粉末共研，然后加一滴硝酸，如含磷即呈鲜黄色反应。

磷灰石是提取磷、磷的化合物及制造磷肥的重要原料。江苏、安徽等省产磷矿；新中国成立后，在滇东、黔中、黔

西、鄂西、湘西、川西一带先后找到大磷矿，其中包括云南昆阳、贵州开阳、湖北襄阳、湖南浏阳、四川绵阳等地。

二、黄铁矿

黄铁矿（FeS_2）：主要成分为二硫化铁，有反磁性。属等轴晶系，晶形常呈立方体、八面体、五角十二面体及其聚形（图3-72）。室温为非活性物质，温度升高后变得活泼，在空气中氧化成三氧化二铁和二氧化硫：

$$4FeS_2+11O_2 \xrightarrow{高温} 2Fe_2O_3+8SO_2,$$
$$2SO_2+O_2 \xrightarrow{V_2O_5或400\sim500℃} 2SO_3,$$
$$SO_3+H_2O === H_2SO_4,$$

主要用于接触法制造硫酸。

黄铁矿是提取硫和制造硫酸的主要原料。

三、自然硫

自然硫（S）：属正交晶系，晶形常呈双锥状或厚板状，由菱方双锥、菱方柱、板面等组成，通常呈致密块状、粉末状（图3-73）。因含杂质而带各种不同色调，条痕淡黄色，晶面呈金刚光泽，断口呈油脂光泽，解理不完全，贝壳状断口，不导电，摩擦带负电。不溶于水、盐酸和硫酸，但溶于二硫化碳、苯、三氯甲烷、苛性碱中，在硝酸和王水中被氧化成硫酸。熔点112.8℃，易燃（270℃）。

成因产状：其形成有着不同的途径。最主要形成于火山成因的自然矿床中和温泉周围。如活动或休眠火山喷火口边

▲ 图3-72 黄铁矿

▲ 图3-73 自然硫

缘附近，由硫气孔喷出的气体转化而成。

鉴定特征：黄色，油脂光泽，硬度小，性脆，有硫臭味，易燃，光焰呈蓝紫色。低温下即溶化，并释放出二氧化硫。

四、石盐

石盐（NaCl）：晶体呈立方体，晶面常凹陷，称为漏斗状立方体骸晶。偶呈完好的八面体，常呈块状、粒状和致密状集合体产出，致密块状集合体称为岩盐（图3-74）。颜色多变，白色、无色、橘黄色、黄色、微红色、蓝色、紫色和黑色，然而条痕始终是白色的。透明-半透明，玻璃光泽。石盐是对人类生存最重要的物质之一，也是烹饪中最常用的调味料。

成因产状：盐湖或潟湖里的水逐渐干涸沉积形成蒸发岩矿物。石盐与其他蒸发岩矿物，如钾盐、石膏、白云岩和硬石膏共生。

鉴定特征：味咸，易溶于冷水中，溶液干涸后会沉淀形成一些小漏斗状立方体晶骸；手摸石盐有油脂感；火焰黄色，由于可能含有杂质，因此产生绿色、橘黄色或微红色荧光。

五、钾石盐

钾石盐（KCl）：属等轴晶系，晶体呈立方体或立方体与八面体之聚形，集合体常为致密粒状块体，有时具层状构造。晶体常呈立方体，偶尔呈八面体，还以皮壳状、块状或者粒状集合体产出（图3-75）。颜色多变，无色、微白、灰色、微蓝色、黄色、紫色或红色，条痕白色，透明，玻璃光泽。

成因产状：为一种蒸发岩矿物，由

▲ 图3-74　石盐晶体

▲ 图3-75　钾石盐

含盐溶液沉积而成，与石盐、石膏、杂卤石、光卤石和硬石膏共生。

鉴定特征：钾石盐和石盐性质极相似，但钾盐味苦咸且涩，火焰为紫色，而石盐味咸，火焰为黄色。二者皆为地质时代或现代干燥气候条件下内陆湖盆或封闭海盆中的化学沉淀产物，属于蒸发盐类。石盐除供食用外，还是重要的化工原料；钾盐为制造钾肥的重要原料。我国盐类矿产资源丰富，除石盐外，尚有海盐、湖盐、池盐、井盐等。柴达木盆地的察尔汗盐湖是我国最大的盐湖，储量达250亿吨（整个柴达木盆地可达500亿吨），其中含钾石盐1亿多吨，是我国最大的钾盐矿。

六、硼砂

硼砂 $[Na_2B_4O_5(OH)_4 \cdot 8H_2O]$：又叫月石，为硼酸盐类硼砂族矿物，通常是白色，微带浅灰、浅黄、浅蓝或浅绿色，条痕白色，单斜晶系，成柱状晶体，普通成致密块状、土状或壳皮状，玻璃光泽或油脂光泽（图3-76）。硬度2.0～2.5，比重1.69～1.92。

硼砂主要用作搪瓷、玻璃和釉等的原料，也用于提炼硼砂和制备硼酸、硼酐，以及作为药物原料等。

七、天然碱

天然碱 $[Na_3H(CO_3)_2 \cdot 2H_2O]$：亦称碳酸氢三钠，是一种蒸发盐矿物。它呈纤维状或柱状块，灰色、黄白色或无色，具有玻璃光泽（图3-77）。在盐湖沉积地带和干旱地呈盐霜状出现。一些地方会形成大面积的碱荒漠。

天然的矿物碱主要来自碱湖和固体

▲ 图3-76 硼砂

▲ 图3-77 天然碱

碱矿。它们是最主要的天然碱资源。通常所说的天然碱，是指主要化学成分为碳酸钠和碳酸氢钠的一类矿物。日常生活中为制作食品和洗涤常用碱，工业生产中碱是重要的基本化工原料。

八、方解石

方解石（$CaCO_3$）：晶体常为菱面体，集合体常呈块状、粒状、鲕状、钟乳状及晶簇等（图3-78）。无色透明者称冰洲石，具显著的重折射现象，一般为乳白色，或灰、黑等色，玻璃光泽，硬度3，三组解理完全，比重2.71，遇稀盐酸产生气泡。

鉴定特征：锤击成菱形碎块（**方解石因此得名**），小刀易刻动，遇盐酸起泡。

方解石主要是由$CaCO_3$溶液沉淀或生物遗体沉积而成，为石灰岩的重要造岩矿物。在泉水出口可以析出$CaCO_3$沉淀物，疏松多孔，称石灰华。在低温条件下，可以形成另一种同质多象体，常呈纤维状、柱状、晶簇状、钟乳状等，即文石。

九、蛇纹石

蛇纹石$\{Mg_6[Si_4O_{10}](OH)_8\}$：完整晶体少见，一般呈致密块状、层片状或纤维状集合体。浅黄-深绿色，常有斑状色纹，有时为浅黄色或近于白色，条痕白色，脂肪或蜡状光泽，半透明，硬度2.5～3.5，比重2.5～2.65，稍具滑感（图3-79）。

鉴定特征：黄绿等色，中等硬度，脂肪光泽。

蛇纹石主要是由含镁矿物，如橄榄石等，在风化带或热水溶液作用下变质而

▲ 图3-78　方解石

▲ 图3-79　蛇纹石

成。此外，白云岩等与花岗岩等接触，受到热水溶液作用，也经常变成蛇纹石。

蛇纹石的纤维状变种称温石棉，是石棉的一种，具典型的丝绢光泽。我国石棉产地很多，其中以青海芒崖、四川石棉县为最著名，陕西等省也有优质石棉矿。

十、重晶石

重晶石（$BaSO_4$）：常呈板状或柱状晶体，一般呈致密块状或板状、粒状集合体。白、浅灰、浅黄、浅红等色，条痕白色，玻璃光泽，透明–半透明（图3–80）。硬度2.5～3.5，比重4.3～4.6。一般具三组互相垂直的完全解理。

鉴定特征：硬度小，完全解理（可碎成小方块），比重大（重晶石据此命名），不溶于酸。重晶石与方解石相似，

但后者比重小，溶于酸，二者较易区别。

重晶石多产于中、低温热液矿脉中，也有在浅海中沉积成的。重晶石可作钻探用的泥浆加重剂，又可制作优质白色颜料、涂料（如锌钡白）；在橡胶业、造纸业中，常用作填充剂和加重剂；在化学工业中，用以制取各种钡盐及化学药品等。我国广西、湖南、青海、新疆、江西、山东、河北等地皆产重晶石。最近在湖北随州、京山、郧西等地也发现了丰富的重晶石矿。

十一、天青石

天青石（$SrSO_4$）：晶体常呈板状或柱状，完好晶体少见，多为块状、纤维状、粒状或结核状集合体（图3–81）。无色、白色、灰色、蓝色、绿色、浅黄色、橘黄色、浅红色或棕色，条痕白色。

▲ 图3–80　重晶石

▲ 图3–81　天青石

透明–半透明，玻璃光泽（解理面呈珍珠光泽）。硬度3～3.5，完全解理，比重3.96～3.98，断口呈参差状。

成因产状：与方解石和石英等矿物共生于热液矿脉中，也形成于沉积岩（如石灰岩）中，还生成于一些蒸发岩矿床和基性岩中。

鉴定特征：在紫外光下有时会发出荧光。不溶于酸，却微溶于水。加热后易熔化，并产生乳白色小球，燃烧时火焰呈深红色。

十二、自然砷

自然砷（As）：属三方晶系，晶体相当罕见，在自然界中多以块状、放射状、肾状、钟乳状之集合体出现，且常呈同心圆构造（图3–82）。新鲜者呈锡白色，若暴露大气中，颜色会逐渐转为暗灰色、不透明、亚金属光泽。参差状断口、脆性为其重要特征。自然砷除了主要成分砷（As）外，常含有少量的锑、银、铋、金和铁等元素，因含有大量的砷，所以是一种剧毒的物质。

成因产状：自然砷是一种

罕见的矿物，主要产在火成环境的热液矿脉中，共生矿物有方铅矿、辉锑矿、雄黄、雌黄、辰砂、重晶石和一些含银、钴、镍的矿物。

鉴定特征：新鲜颜色及条痕均呈锡白色，比重达5.6～5.8；硬度为3.5，具金属光泽，加热或敲打有大蒜味。

十三、光卤石

光卤石（$KMgCl_3 \cdot 6H_2O$）：成分为钾、镁的卤化物矿物，无色正交晶系（斜方晶系），多呈颗粒状或致密块状物集合体产出，晶体少见，相对密度1.6。

纯净者无色–白色，透明–不透明。易溶于水，在空气中极易潮解。含杂质

▲ 图3–82　自然砷

△ 图3-83 光卤石

后呈粉红色（图3-83），味苦，具有脂肪光泽，味咸，性脆，无解理，具强荧光性。硬度2～3，比重1.602。加热到110～120℃分解为氯化镁四水物和氯化钾。加热到176℃完全脱水，同时有少量水解现象。加热到750～800℃时，脱水熔融，沉淀出氧化镁。

光卤石是含镁、钾盐湖中蒸发作用的最后产物，常与石盐、钾石盐共生。德国的施塔斯福特和俄罗斯的索利卡姆斯克为世界重要产地。中国柴达木盆地盐层和云南钾石盐矿床中均有丰富的光卤石。

成因产状：与沉积岩如泥灰岩、黏土岩、白云岩相关，形成于石膏、硬石膏、石盐（岩盐）和钾石盐连续沉积的蒸发岩地层中。

用途：主要用作提炼金属镁的精炼剂，生产铝镁合金的保护剂，也用作铝镁合金的焊接剂和金属的助熔剂，生产钾盐和镁盐的原料，还用于制造肥料和盐酸等。

鉴定特征：具苦味和咸味，易溶于水，遇水分解，潮解性。火焰紫罗兰色，表明含钾。

建筑原料矿物

造型各异的建筑是人类活动的主要场所，是人类进步的标志之一。用于建造建筑物的原料有很多，其中一部分是矿物，主要有黏土、高岭石、硅灰石、石膏等。它们既是建筑原料，也可以用于工业的其他方面。

一、黏土

黏土是一种重要的矿物原料。是颗粒非常小的（<2 μm）可塑的硅酸铝盐。除了铝外，黏土还包含少量镁、铁、钠、钾和钙，一般由硅酸盐矿物在地球表面风化后形成（图3-84）。黏土广泛分布于世界各地的岩石和土壤中，可用于制造陶瓷制品、耐火材料、建筑材料等。黏土在建筑中最主要的用途是制成建筑用砖。

二、高岭石

高岭石是一种含铝的硅酸盐矿物，呈白色软泥状，颗粒细腻，状似面粉。高岭石为制造瓷器和陶器的主要原料，此外，高岭土也在建筑领域有所应用。

▲ 图3-84 黏土矿

高岭石在建筑上主要是用于制造水泥，作为混凝土掺料以及作为油漆涂料的原料等。

三、石膏

石膏是主要化学成分为硫酸钙（$CaSO_4$）的水合物。石膏是一种用途广泛的工业材料和建筑材料。可用于水泥缓凝剂、石膏建筑制品、模型制作、医用食品添加剂、硫酸生产、纸张填料、油漆填料等。

四、硅灰石

硅灰石（图3-85）的主要成分是 $Ca_3(Si_3O_9)$，主要产于酸性侵入岩与石灰岩的接触变质带，为构成矽卡岩的主要矿物成分。

在建筑材料领域，硅灰石因无毒、无味、无放射性等优点逐渐取代了对人体健康有害的石棉，成为环保建材的新原料。经过特殊加工工艺后仍能保持其独特的针状结构，使添加了硅灰石针状粉的硅钙板、防火板等材料的抗冲击性、抗弯折强度、耐磨强度均大大提高。

▲ 图3-85 硅灰石

陶瓷原料矿物

根据矿物组成可将陶瓷原料划分为黏土类原料、硅质原料、长石类原料和其他矿物原料。

一、黏土类原料

黏土是由富含长石等铝硅酸盐的岩石（长石、伟晶花岗岩、斑岩等）经过长期风化作用或热液蚀变作用形成的一种疏松或呈胶状致密的土状或致密块状的产物，为多种微细矿物和杂质的混合体。黏土的主要矿物类型有高岭石类、蒙脱石类和伊利石类。

（1）高岭石（$Al_2O_3 \cdot 2SiO_2 \cdot 2H_2O$）：又称观音土、白鳝泥、膨土岩等，是一种含铝的硅酸盐矿物，呈白色软泥状，颗粒细腻，状似面粉（图3-86）。其化学成分相当稳定，被誉为"万能石"。为制造瓷器和陶器的主要原料，此外，高岭土也在建筑领域有所应用。

高岭石一般呈隐晶质，粉末状、土状。白或浅灰、浅绿、浅红等色，条痕白色，土状光泽，硬度1~2.5，比重2.6~2.63。有吸水性（可黏舌），与水有可塑性。

鉴定特征：性软，黏舌，具可塑性。

高岭石主要是富铝硅酸盐矿物，特别是长石的风化产物，是主要的黏土矿物之一。高岭石及其近似矿物和其他杂质的混合物，通称高岭土，高岭土是陶瓷的主要原料。我国为高岭土著名产出国，高岭

△ 图3-86 高岭石

土即因江西景德镇附近的高岭所产质佳而得名。

（2）地开石{$Al_4[Si_4O_{10}](OH)_8$}：是一种含羟基的铝硅酸盐矿物，它是高岭石、珍珠石的同质异象，属黏土类矿物。为[SiO_4]$^{4-}$四面体的六方网层与氢氧铝石或氢氧镁石的八面体层按1∶1结合而成的层状结构。晶体呈完善的六边形鳞片，鳞片大小可达0.1～0.5 mm。晶体呈白色，集合体微带黄绿或者褐色。解理薄片呈珍珠光泽（图3-87）。硬度2.5～3.5，比重2.62，具有良好的涂覆性和遮盖性。

地开石主要可作为陶瓷和耐火坩埚的原料，造纸涂料，焙烧土、无碱玻璃球、合成分子筛材料，工艺雕刻品等，我们熟悉的寿山石、鸡血石等贵重石材，其主要组成物质其实就是地开石。

（3）埃洛石（$Al_2O_3 \cdot 2SiO_2 \cdot 4H_2O$）：是一种硅酸盐矿物，也称多水高岭石、叙永石，俗称为羊油矸。埃洛石晶体属单斜晶系的含水层状结构硅酸盐矿物。晶体结构类似于高岭石，也属1∶1型结构单元层的二八面体形结构，但结构单元层之间有层间水存在，故也称多水高岭石。

晶体细小，电镜下常呈卷曲管状或长棒状。外观呈土状块体，纯者呈白色，常含氧化铁、氧化铬、一氧化镍等杂质。因杂质种类及含量差异，粉红、浅绿或土黄色也常见到（图3-88）。蜡状光泽或

▲ 图3-87 地开石

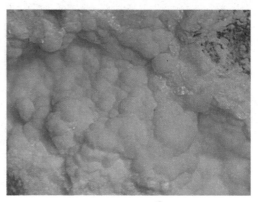

▲ 图3-88 埃洛石

土状，质松者有滑感，致密者成带棱角碎屑。亲水，与水混合可塑性强。硬度低，比重2.0～2.2。

（4）叶蜡石$[Al_2Si_4O_{10}(OH)_2]$：是一种非常软的硅酸盐矿物，单斜晶系，通常呈致密块状、片状或放射状集合体。白色、微带浅黄或浅绿色，半透明（图3-89）。玻璃光泽，具珍珠状晕彩，硬度1～2，比重2.66～2.90，具油脂；薄片能弯曲但无弹性。纯叶蜡石为白、灰、黄色调，有蜡光，手摸具有滑腻感。在中国，它有另一个广为人知的名字，那就是

寿山石（或青田石、昌化石）。主要产于火山岩中的交代矿床。

叶蜡石在工、农业方面有很多用途，如可以用作造纸、颜料、橡胶、油漆、塑料等制造中的填充物质及农药的配料，还可以作为生产玻璃纤维的主要原料。

（5）伊利石$[KAl_3Si_3O_{10}(OH)_2]$：因其最早发现于美国的伊利岛而得名。该矿物属单斜晶系，晶体细小，其粒径通常在1～2 μm以下，肉眼不易观察。在电子显微镜下常呈不规则的鳞片状集合体，类似蒙脱石。伊利石纯者洁白，因含杂质而呈浅绿、浅黄或褐色（图3-90）。块状者有油脂光泽。硬度1～2，比重2.6～2.9。鳞片能剥开，但弹性比云母差。无膨胀性和可塑性。土壤中的伊利石能从钾肥中汲

▲ 图3-89 叶蜡石

▲ 图3-90 伊利石

取钾，并使之储藏于层间。

伊利石常由白云母、钾长石风化而成，并产于泥质岩中，或由其他矿物蚀变形成。

伊利石具有富钾、高铝、低铁及光滑、明亮、细腻、耐热等优越的化学和物理性能。伊利石的用途很广，在陶瓷工业上主要用来生产高压电瓷、日用瓷的原料，另外，在化工工业上可用作造纸、橡胶、油漆的填料，在农业上可用于制取钾肥等。

二、硅质原料

（1）石英（SiO_2）：有多种同质多象变体，最常见的石英晶体多为六方柱及菱面体的聚形，柱面上有明显的横纹（图3-91）。在岩石中石英常为无晶形的粒状，在晶洞中常形成晶簇，在石英脉中常为致密块状。无色透明的晶体称为水晶，另外，还有因含杂质而带颜色的紫水晶（含锰）、烟水晶（含有机质）、蔷薇石英（又叫芙蓉石，含铁锰）等。具典型的玻璃光泽，断口呈油脂光泽，透明-半透

△ 图3-91　石英

明，硬度7，无解理，贝壳状断口，性硬，比重2.5～2.8。

另外，还有由二氧化硅胶体沉积而成的隐晶质矿物，白色、灰白色者称玉髓（或称石髓、髓玉）；白、灰、红等不同颜色组成的同心层状或平行条带状者称玛瑙；不纯净、红或绿各色者称碧玉；黑、灰各色者称燧石。此类矿物具脂肪或蜡状光泽，半透明，贝壳状断口。

成因产状：常形成于岩浆岩、变质岩和沉积岩中，也常见于含金属矿物的矿脉中。

鉴定特征：六方柱及晶面横纹，典型的玻璃光泽，很大的硬度（小刀不能刻画），无解理，隐晶质各类具明显的脂肪光泽。石英类矿物的化学性质稳定，不溶于酸（氢氟酸除外）。

脉石英是石英的集合体，呈乳白、灰白、白色，油脂光泽，致密块状，比重2.65左右。在陶瓷工业中，脉石英常用作优质日用陶瓷的瘠性料，用来降低陶瓷坯料的可塑性、干燥收缩及烧成收缩。

（2）燧石：俗称"火石"，是比较常见的硅质岩石，质密、坚硬，多为灰、

▲ 图3-92　燧石

黑色，敲碎后具有贝壳状断口。根据其存在状态，分为层状燧石和结核状燧石两种类型（图3-92）。

燧石硬度6.5～7，比重2.60～3.65，无解理，贝壳状断口，纯净的燧石无色，因含色素离子或存在色心而呈各种颜色，条痕无色或白色，透明，蜡状光泽，具有摩擦磷光。

燧石由于坚硬，破碎后产生锋利的断口，所以最早为石器时代的原始人所青睐，绝大部分石器都是用燧石打击制造的。

三、长石类原料

（1）正长石[$KAlSi_3O_8$或$K_2O \cdot Al_2O_3 \cdot 6SiO_2$]：属含氧盐类矿物，又名钾长石，晶体为板状或短柱状，在岩石中常为晶形不完全

的短柱状颗粒（图3-93）。肉红、浅黄、浅黄白色，玻璃或珍珠光泽，半透明，硬度6，有两组解理直交（正长石因此得名），比重2.56～2.58。

△ 图3-93　正长石

鉴定特征：肉红、黄白等色，短柱状晶体，完全解理，硬度较大（小刀刻不动）。

正长石是花岗岩类岩石及某些变质岩的重要造岩矿物，容易风化成为高岭土等。正长石是陶瓷及玻璃工业的重要原料。

（2）钠长石（$Na_2O \cdot Al_2O_3 \cdot 6SiO_2$）：长石的一种，是常见的长石矿物，为钠的铝硅酸盐。钠长石一般为玻璃状晶体，可以是无色的，也可以有白、黄、红、绿或黑色（图3-94）。三斜晶系，硬度6～6.5，比重2.61～2.64，熔点为1 100℃左右。

△ 图3-94　钠长石

——地学知识窗——

含氧盐类矿物

含氧盐是各种含氧酸的络阴离子（如$[SiO_4]^{4-}$、$[CO_3]^{2-}$、$[SO_4]^{2-}$、$[PO_4]^{3-}$等）与金属阳离子所组成的盐类化合物。它们约占已知矿物总数的2/3，是地壳中分布最广泛、最常见的一大类矿物。国民经济中许多重要的矿物原料，特别是非金属矿物原料，如化工、建材、陶瓷、冶金原料以及许多贵重的宝石原料，均主要来自含氧盐矿物。

它是制造玻璃和陶瓷的原料。很多岩石中都有钠长石的成分，人们称这样的矿物为造岩矿物。钠长石主要用于制造陶瓷、肥皂、瓷砖、玻璃、磨料磨具等，在陶瓷上主要用于釉料。

（3）钙长石（$CaO \cdot Al_2O_3 \cdot 2SiO_2$）：长石的一种，为钙铝硅酸盐矿物，属斜长石。一般呈白色或灰色玻璃状晶体，比较脆（图3-95）。硬度6～6.52，比重2.6～2.76，不完全、完全解理，断口贝壳状或参差状，褐色或深褐色，条痕灰色，透明-半透明，玻璃光泽。钙长石是重要的造岩矿物。

钙长石矿物除了作为玻璃工业原料外（占总用量的50%～60%），在陶瓷工业中的用量占30%，其余用于化工、磨料磨具、玻璃纤维、电焊条等行业。

（4）钡长石（$BaAl_2Si_2O_8$）：长石的一种，为钡铝硅酸盐。钡长石不是常见的矿物，它的晶体像玻璃一样，呈块状，比较硬，颜色浅（图3-96）。斜方柱晶类，晶体似冰长石，柱状晶体与正长石相

▲ 图3-95　钙长石

似，柱面特别发育，常呈叶片状或块状产出，常见双晶。

钡长石晶体无色，有时呈白色或浅黄色，透明，玻璃光泽，性脆，硬度6～6.5，比重3.42，比重随成分而变化。断口不平坦。

成因产状：产出非常局限，主要产于接触交代锰矿床中，呈单矿物细脉并同蔷薇辉石共生。也产于石英岩中，与石英、透辉石、硅钡石共生。

它具有熔点低（1 150±20 ℃）、熔融间隔时间长、熔融黏度高等特点，广泛应用于陶瓷坯料、陶瓷釉料、玻璃、电瓷、研磨材料等工业部门及制造钾肥。

▲ 图3-96 钡长石

染料矿物

在丰富多彩的色浆原料世界里，矿物一直是人类青睐的对象之一。从最早的古代壁画、工艺品，到近现代的中国画、油画，一件件精美艺术品的背后，矿物色浆原料功不可没。

人类最早用于着色的颜料是红色

的赤铁矿（Fe_2O_3）和黑色的磁铁矿（Fe_3O_4）等矿物质。这些五颜六色的石块很容易从自然界取得，无须经过复杂的处理就可使用。在中国陕西临潼发现的距今已有六千多年的姜寨遗址中，曾发掘出一块盖着石盖的石砚，掀开石盖，砚面凹处有一支石质磨棒，砚旁有数块黑色颜料以及灰色陶质水杯，一共五件，构成了一套完整的彩绘工具。我们的祖先已经认识到，在涂色前须把矿物质粉碎、研磨，磨得越细，颜料的附着力、覆盖力、着色力等就越好。

我们把这种利用各种矿物颜料给服装着色的石染方法称为"矿物染"。矿物染的最早记载出现于商周时期，战国时期的古书《尚书·禹贡》上就有关于"黑土、白土、赤土、青土、黄土"的记载，说明那时的人们已对具有不同天然色彩的矿物和土壤有所认识。我国古代主要矿物的颜料有：红色的赤铁矿和朱砂、黄色的石黄（雄黄和雌黄）、绿色的空青、蓝色的石青、白色的粉锡和蜃灰、黑色的炭黑。

一、赤铁矿

又名赭石，主要成分是三氧化二铁（Fe_2O_3），呈暗红色，在自然界中分布很广，被利用的历史最早（图3-97）。在江苏邳州大墩子新石器时期遗址中，就出土了表面有研磨痕迹的赭石。赭石研磨成粉末后，颗粒稍粗的类似水粉色，覆盖力强。

二、朱砂

朱砂，古时称作"丹"，其主要化学成分是硫化汞（HgS），在我国湖南、

▲ 图3-97　赤铁矿和粉末

贵州、四川等地都有出产。用这种颜料染成的红色纯正、鲜艳，《诗经》中形容人貌美"颜如渥丹"，意思就是说脸像涂了朱砂一样红润（图3-98）。《史记·货殖列传》中记载着一位名叫清的寡妇的祖先在四川涪陵地区挖掘丹矿，世代经营，成为当地有名巨贾的故事。由此可见，在秦汉之际，这种红色颜料

的应用广泛。1972年，长沙马王堆汉墓出土的大批彩绘印花丝织品中，有不少花纹就是用朱砂绘制成的，这些朱砂颗粒研磨得又细又匀，埋葬时间虽长达两千多年，但织物的色泽依然鲜艳无比。可见西汉时期炼制和使用朱砂的技术水平是相当高超的。

东汉之后，为寻求长生不老丹而兴起的炼丹术，使中国人对无机化学的认识有了很大提高，并逐渐开始运用化学方法生产朱砂。为与天然朱砂区别，古时的人们将人造的硫化汞（HgS）称为银朱或紫粉霜。其主要原料为硫黄和水银（汞），是在特制的容器里，按一定的火候提炼而成的，这是我国最早采用化学方法炼制的颜料。人造朱砂还是我国古代重要的外销产品，曾远销至日本等国。

三、雌黄

我们常常用"信口雌黄"来形容胡说八道。实际上，雌黄是一种矿物色浆原料，就是古代的涂改液，古人用黄纸写字，写错了，就用它来涂改，后来就被引申为随意更改。

雌黄（As_2S_3）：属单斜晶系矿石，主要成分是三硫化二砷，有剧毒。雌黄单晶体的形状呈短柱状或者板状，集合体的

▲ 图3-98 朱砂和粉末

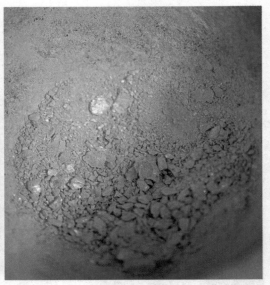

▲ 图3-99　雌黄和粉末

形状呈片状、梳状、土状等（图3-99）。雌黄的颜色呈柠檬黄色，条痕呈鲜黄色，硬度1.5~2，比重3.49，折光率2.81，半透明，金刚-油脂光泽，灼烧时熔融，产生青白色带强烈蒜臭味的烟雾。

雌黄是一种低温热液矿物，也是其他砷矿物的蚀变产物。这种剧毒矿物有着艳丽的色彩，呈现出黄昏日落般的柠檬黄色。有趣的是，雌黄的名字源自拉丁语auri和pigmentum，前者指金色的，后者意为色浆原料。

成因产状：雌黄是典型的低温热液矿物。大多数的雌黄和雄黄一起在低温热液矿床和硫质火山喷气孔产生，所以雌黄是雄黄的共生矿物，有"矿物鸳鸯"的说法。

鉴定特征：基本同雄黄。两者区别为：雄黄受热熔化为暗红色熔体；雌黄熔化为黄色熔体。雄黄粉末难溶于碳酸铵溶液，雌黄易溶，具蒜样臭气，该气味是含砷矿物具有的典型气味。雌黄溶于硝酸，并会在表面留下黄色的硫的痕迹。雄黄与雌黄的晶体面网间距不同，可用X射线衍射法进行鉴别。雄黄与雌黄还可用红外光谱法鉴别。

中国雌黄的主要产地有湖南省慈利县和云南省南华县等地，国外的主要产地有罗马尼亚、德国萨克森自由州等地。

四、空青

空青亦称石绿，是一种结构疏松的碱性碳酸铜，呈绿色，即是铜器表面生成的铜绿。研制石绿色粉的原料为一种色相呈绿、蓝色相间的铜矿，因外观呈不规则的同心圆纹理状，颜色又酷似孔雀的彩羽，故俗称孔雀石。

孔雀石$Cu_2CO_3(OH)_2$和蓝铜矿$2CuCO_3 \cdot Cu(OH)_2$是两种经常共生的铜矿，形态近似，针状或柱状晶体，一般多呈钟乳状、肾状、被膜状或土状等（图3-100）。晶体呈玻璃光泽，半透明，硬度3.5～4，比重3.8～4，遇酸起泡。不同之处是，孔雀石的颜色和条痕为翠绿色，蓝铜矿的颜色和条痕为天蓝色，这两种矿物是由原生铜矿氧化而成的次生矿物，颜色鲜艳，可以作为铜矿石，其粉末是上等的绿色和蓝色颜料，质纯色美者可作装饰品及艺术品。

孔雀石粉末制作成的色浆原料，像树叶的翠绿色，十分讨人喜爱。早在公元前3000年的古埃及，人们就在西奈和东部沙漠的矿山中开采这种翠绿色彩的矿石。在铜矿床的表层常可看到绿色的孔雀石，这也是确认铜矿的依据之一。孔雀石的单晶体并不常见，通常呈一串串葡萄的形状，美丽的花纹和条带是它的鉴别特征。作为色浆原料，孔雀石被广泛用于化妆或壁画，还用于制釉和给玻璃上色，但它的主要作用依然是制造装饰材料和宝石。在古希腊，它还被当成孩子们的护身符。

五、石青

研制石青色粉的原料主要是蓝铜矿，英文名为Azurite，为盐基性碳酸铜，是次生氧化矿物。蓝铜矿晶体多为半透明

▲ 图3-100 孔雀石和粉末

或不透明状，色相瑰丽，与孔雀石相似，硬度1～1.5。

蓝铜矿［$Cu_3(CO_3)_2(OH)_2$］为晶体板状和短柱状，可呈双晶，还以块状、结核状、钟乳状和土状集合体产出。通常呈深蓝色，条痕浅蓝色，透明-不透明，玻璃或暗淡光泽（图3-101）。硬度3.5～4，比重3.77～3.78，具完全解理，

图3-101　蓝铜矿和粉末

断口呈贝壳状。

成因产状：形成于铜矿床的氧化带。

鉴定特征：溶于盐酸，发泡，易熔，加热后变黑。

蓝铜矿也可作为铜矿石来提炼铜，质优的还可制作成工艺品。它还是寻找铜矿的标志矿物。

六、粉锡

粉锡，即铅白，碱性碳酸铅，在中国俗称"胡粉"（图3-102）。因为在使用时需调匀成糨糊状，故名"胡粉"。中国利用铅的历史十分悠久，青铜器中就有铅铜合金，在商周甚至更早的墓葬中就出土过铅的器具。这种较早出现的用化学方式生产的白色颜料（染料），在后来历代的彩绘服饰和绘画中普遍应用，也是现代涂料工业中的主要原料之一。

图3-102　粉锡

用作添加剂的矿物

一、锦上添花的化妆品添加剂

化妆品是现代生活中不可或缺的日常用品，你知道整天和你的肌肤亲密接触的化妆品中都有什么成分吗？你知道自然界中的矿物与化妆品之间的关系吗？事实上，多种矿物原料是常见的化妆品添加剂，它们的加入使化妆品更好地发挥了效用。

1. 滑石：更细腻的质感

在化妆品中，最常用到的矿物原料就是滑石粉，细致研磨的滑石粉是粉底的主要原料之一。它的质地极其柔软，添入化妆品中可以使质地更加细腻。除了化妆品，滑石粉也常常被用来作为婴儿爽身粉的主要原料。但某些产地的滑石粉可能会夹杂石棉，而石棉有致癌作用。因此，使用在化妆品和爽身粉中的滑石粉，都必须精细研磨和消毒，并且经过严格的检测。

滑石$\{Mg_3[Si_4O_{10}](OH)_2\}$：一般为

△ 图3-103 滑石

致密块状或叶片状集合体（图3-103）。白、浅绿、粉红等色，条痕白色，脂肪或珍珠光泽，半透明。硬度1～1.5，单向最完全解理，薄片有挠性，比重2.7～2.8，有滑腻感。

鉴定特征：浅色，性软（指甲可刻画），具滑腻感。

滑石为典型的热液变质矿物。橄榄石、白云石等在热水溶液作用下可以产生滑石，常与菱镁矿等共生。滑石是耐火、耐酸、绝缘材料，在橡胶和造纸工业中也用作填料。我国滑石储量丰富，辽宁盖平大石桥-海城一带及山东莱州、蓬莱等地为知名产地。

2. 云母：更闪耀的光泽

带有珠光颜料的化妆品，比如眼影，里面常常会添加云母。在中国古代，白云母就是制作白色颜料的原料之一，这一点在敦煌莫高窟彩绘上就可以体现。

在化妆品中，常用到的云母原料是绢云母，它常被用来代替珠光颜料添入口红、散粉或腮红中。绢云母的名字（Sericite）来自拉丁语sericus，意为丝绸。由于其内部具有层状的晶体结构，片层之间结合得并不牢固，因此，绢云母可以被分割为细薄的弹性薄片，并且具有闪亮的光泽。这种特性也使得绢云母成为化妆品的优质原料。

云母：假六方柱状或板状晶体，通常呈片状或鳞片状，玻璃及珍珠光泽，

透明或半透明。硬度2～3，单向最完全解理，薄片有弹性，比重2.7～3.1，具高度不导电性。常见种类有：

（1）白云母$\{KAl_2[AlSi_3O_{10}](OH)_2\}$：无色及白、浅灰绿等色（图3-104）。呈细小鳞片状、具丝绢光泽的异种称为绢云母（图3-105）。

（2）金云母$\{KMg_3[AlSi_3O_{10}][OH]_2\}$：金黄褐色，常具半金属光泽（图3-106）。多见于火成岩与石灰岩的接触带。

▲ 图3-104　白云母

▲ 图3-105　绢云母

▲ 图3-106　金云母

（3）黑云母{K(Mg, Fe)$_3$[AlSi$_3$O$_{10}$](OH)$_2$}：黑褐–黑色，较白云母易风化分解（图3-107）。

鉴定特征：单向最完全解理，硬度低，有弹性。

云母是重要的造岩矿物，分布广泛，占地壳重量的3.8%。白云母和金云母为电器、电子等工业部门的重要绝缘材料。我国内蒙古丰镇、川西丹巴、新疆等地均有较大型的云母矿床。

3. 碧玺：更好的吸收

很多人喜爱碧玺五颜六色的色彩，可是你有没有想过碧玺也能用在化妆品中呢？实际上，除了拥有美丽的色彩，碧玺还是具备热电性和压电性的独特矿物。研究表明，将碧玺添入化妆品，能增加皮肤对化妆品的吸收。

碧玺（电气石）是一种化学组成极复杂的硼硅酸盐矿物，因为含有不同的元素而具有不同的色彩。同时，它还有独特的晶体结构和物理性质。在正常状态下，电气石晶体表面是不带电荷的，当它沿特殊方向受到压力作用时，在垂直应力的两边产生数量相等、符号相反的电荷，并且电荷量与压力成正比。当温度改变时，电气石也会在特殊方向上产生相反的电荷。电气石的特殊性质使它能够吸附灰尘，因此也被称为"吸灰石"。

4. 蒙脱石：面膜的帮手

在许多面膜中，膨润土都是原料之一。膨润土常常用来作为化妆品的填充剂使用，同时还具有一定的吸附油脂和清洁的作用，因此被广泛应用在化妆品中。

膨润土的主要矿物成分是蒙脱石。蒙脱石是一种含水的层状结构硅酸盐矿物（图3-108）。在电子显微镜下，蒙脱石呈现极细小的鳞片状或绒毛状形态。当它

▲ 图3-107　黑云母

▲ 图3-108　蒙脱石

们吸收水分后会膨胀起来，并且分散成糊状。除此之外，蒙脱石晶体中的层状结构之间存在着Mg^{2+}、Na^+等阳离子，这些阳离子可以同外界的其他阳离子进行交换，因此，蒙脱石具有很强的吸附性能和阳离子交换性能。这样的性能使得蒙脱石的用途非常广泛，除了化妆品领域，蒙脱石还被用于处理废水和造纸工业等。

养猫的同学对猫砂一定不陌生，有的猫砂就是利用了膨润土的吸水性，以其为原料生产的。从化妆品到猫砂，这种矿物也算得上是"跨界达人"了。

此外，还有很多矿物被用在化妆品中，比如叶蜡石被用在口红中，二氧化钛被用在防晒霜中，等等。

二、画龙点睛的食品和饲料添加剂

许多天然矿物可作为食品和饲料的添加剂，不仅可为动物生命、生长、生产提供多种必需元素，而且还具有可利用的优势特性。其中，使用较多的有沸石、麦饭石、稀土、膨润土、海泡石、凹凸棒和泥炭等，这些天然矿物质饲料均属非金属矿物。

1. 沸石

沸石是沸石族矿物的总称，已知的天然沸石有40余种，其中最有使用价值的是斜发沸石和丝光沸石。

天然沸石是含碱金属和碱土金属的含水铝硅酸盐。沸石大都呈三维硅氧四面体及三维铝氧四面晶体格架结构，晶体内部具有许多孔径均匀一致的孔道和内表面积很大的孔穴，孔道和孔穴两者的体积占沸石总体积的50%以上（图3-109）。

通常情况下，晶体孔道和孔穴中含有金属阳离子和水分子，且与格架结构结合得比较弱，故可被其他极性分子所置换，析出营养元素供机体利用。

在消化道中，天然沸石除可选择性吸附NH_3、CO_2等物质外，还能吸附某些细菌毒素，对机体有良好的保健作用。

▲ 图3-109 沸石

天然沸石的有效成分属黏土矿物，可增加食糜的黏滞性，延长饲料在消化道中的停留时间，有利于营养物质的消化和吸收。

在畜牧生产中，沸石常用作某些微量元素添加剂的载体和稀释剂，用作畜禽无毒无污染的净化剂和饲料防结块剂。

2. 麦饭石

麦饭石因其外观似麦饭团而得名，是一种经过蚀变、风化或半风化，具有斑状或似斑状结构的中酸性岩浆岩矿物质（图3-110）。麦饭石的主要化学成分是SiO_2和Al_2O_3，二者约占麦饭石重量的80%。

麦饭石具有多孔性海绵状结构，溶

▲ 图3-110　麦饭石

于水时会产生大量的带有负电荷的酸根离子，这种结构决定了它具有较强的选择吸附性，可减少动物体内某些病原菌和有害重金属元素等对动物机体的侵害。

不同地区的麦饭石中矿物质元素含量差异不大，都含K、Na、Ca、Mg、Cu、Zn、Fe、Se等对动物有益的常量、微量元素，且这些元素的溶出性好，有利于体内物质代谢。

在畜牧生产中，麦饭石一般用作饲料添加剂，以降低饲料成本。也用作微量元素及其他添加剂的载体和稀释剂。麦饭石可降低饲料中稀籽饼毒素的含量。

3. 稀土元素

稀土元素是15种镧系元素和与其化学性质相似的钪、钇等17种元素的总称。

目前，使用的稀土饲料添加剂有无机稀土和有机稀土两种类型。无机稀土主要有碳酸稀土、氯化稀土和硝酸稀土，目前常用的是硝酸稀土。有机稀土主要有氨基酸稀土螯合剂、有机酸稀土（*如柠檬稀土添加剂*）和维生素C稀土。此外，根据添加剂中所含稀土元素的种类，还可以分为单一稀土添加剂和复合稀土添加剂。但迄今还没有确切试验证明，稀土化合物在动物体内究竟起着什么作用。

4. 膨润土

膨润土是由酸性火山凝灰岩变化而成的，俗称白黏土，又名斑脱岩，是蒙脱石类黏土岩组成的一种含水的层状结构铝硅酸盐矿物。

膨润土含有动物生长发育所必需的多种常量和微量元素。并且，这些元素是以可交换的离子和可溶性盐的形式存在，易被畜禽吸收利用。

膨润土具有良好的吸水性、膨胀性功能，可延缓饲料通过消化道的速度，提高饲料的利用率，同时可作为生产颗粒饲料的黏结剂，提高产品的成品率。膨润土的吸附性和离子交换性，可提高动物的抗病能力。

5. 海泡石

海泡石属特种稀有矿石。呈灰白色，有滑感，具特殊层链状晶体结构（图3-111）。对热稳定。海泡石的主要化学成分：SiO_2含量57.23%，MgO含量14.04%，CaO含量9.56%，Al_2O_3含量3.95%。海泡石可吸附自身重量200%~250%的水分。

海泡石主要用作微量元素载体或稀释剂，还可作为颗粒饲料黏合剂和饲料添加剂。海泡石的阳离子交换能力较低，而且有较高的化学稳定性，在用作预混合料载体时不会与被载的活性物质发生反应，因此，它是较佳的预混合料载体。在颗粒饲料加工中，添加2%~4%的海泡石可以增加各种成分间的黏合力，促进其凝聚成团。当加压时，海泡石显示出较强的吸附性能和胶凝作用，有助于提高颗粒的硬度及耐久性。饲料中的脂类物质含量较高时，用海泡石作黏合剂最为合适。

▲ 图3-111 海泡石

药用矿物

在我国，矿物入药由来已久，最早起源于炼丹术。公元前2世纪，炼丹术士已能从丹砂中提炼出水银，北宋年间（11世纪）能利用尿液制备"秋石"。最早的本草学专著《神农本草经》收载矿物药46种。明代李时珍所著《本草纲目》中，仅金石部就收载矿物药161种，另附录72种，书中对每一种矿物的来源、产地、形态、功效都作了详细记述。矿物药在我国因药源常备、疗效显著，历代医药业者均非常重视其临床应用，其在医疗、养生和保健等方面发挥着重大的作用。常见的有石膏、蒙脱石、朱砂、雄黄、砒霜、芒硝等。

一、石膏

石膏一般是指天然二水石膏（$CaSO_4 \cdot 2H_2O$），又称为生石膏，经过煅烧、磨细可得熟石膏。石膏亦称蒲阳玉，性寒，使用石膏磨制而成的蒲阳玉石枕能以寒克热，控制血压升高，坚持使用能将血压逐步降低至正常水平。

石膏晶体常为近菱形板状，有时呈燕尾双晶，一般呈纤维状、粒状等集合体（图3-112）。无色透明，或白、浅灰等色，晶面玻璃光泽，纤维状者具丝绢光

△ 图3-112 石膏

泽，硬度2，一组最完全解理，薄片有挠性，比重2.3，加热失水变为熟石膏。透明晶体集合体称透石膏；纤维状集合体称纤维石膏；粒状集合体称雪花石膏；玫瑰状块体称为沙漠玫瑰；呈放射状的称为雏菊石膏。

石膏主要是干燥气候条件下湖海中的化学沉积物，属于蒸发盐类，可用于水泥、模型、医药、光学仪器等方面。我国石膏产地遍及20余省，湖北应城、湖南湘潭、山西平陆、内蒙古鄂托克旗等皆产石膏，储量在世界上名列前茅。

【功能与主治】生石膏清热泻火，除烦止渴。用于外感热病，高热烦渴，肺热喘咳，胃火亢盛，头痛，牙痛。

煅石膏敛疮生肌，收湿，止血。用于溃疡不敛，湿疹瘙痒，水火烫伤，外伤出血。

二、明矾

明矾为十二水合硫酸铝钾。又称白矾、钾矾、钾铝矾、钾明矾，是含有结晶水的硫酸钾和硫酸铝的复盐（图3-113）。

白矾：为不规则的块状或粒状。无色或淡黄白色，透明或半透明。表面略平滑或凹凸不平，具细密纵棱，有玻璃样光泽，质硬而脆。气微、味酸、微甘而极涩。

枯矾：又名煅白矾，为不透明、白色、蜂窝状或海绵状固体块状物或细粉。体轻质松，手捻易碎，有颗粒感。味酸涩。

【功能与主治】止血止泻，祛除风痰。用于久泻不止，便血崩漏，癫痫发狂；外用解毒杀虫，燥湿止痒。用于湿疹，疥癣，聤耳流脓，阴痒带下，鼻衄齿衄，鼻息肉。

三、雄黄

雄黄（As_4S_4）又称作石黄、黄金

▲ 图3-113　明矾

石、鸡冠石，是一种含硫和砷的矿石。质软，性脆，通常为粒状、紧密状块或粉末，条痕呈浅橘红色（图3-114）。雄黄不溶于水和盐酸，可溶于硝酸，溶液呈黄色。置于阳光下曝晒，会变为黄色的雌黄和砷华，所以保存时应避光以免受风化。加热到一定温度后在空气中可以被氧化为剧毒的三氧化二砷，即砒霜。

成因产状：雄黄主要产于低温热液矿床中，常与雌黄、辉锑矿、辰砂共生；产于温泉沉积物和硫质火山喷气孔内沉积物的雄黄，常与雌黄共生。橘红色，透明-半透明的雄黄晶体，显得艳丽、富贵，其柱状晶体长短参差，粗细相伴，多方向生长，势态奇特，再衬上白色方解石等共生矿物，绚丽多彩，构成整体自然美。

鉴定特征：与辰砂相似，但雄黄为橘红色、浅橘红色条痕；而辰砂为红色，鲜红色条痕，且密度大于雄黄。雄黄以吹管焰烧，产生白烟并发出蒜臭味。置于阳光下曝晒，会变为黄色的雌黄和砷华，雄黄不溶于水和盐酸，可溶于硝酸，溶液呈黄色。

中国为雄黄的主要出产国，湖南慈利、石门交界的牌峪雄黄矿为当今世界之最，国外主要雄黄产地有罗马尼亚、德国、瑞士等。

【功能与主治】 解毒，杀虫，燥湿，祛痰。用于痈疽疔疮，走马牙疳，疥癣，蛇虫咬伤，虫积腹痛，惊痫，疟疾，哮喘。

四、阳起石

阳起石为硅酸盐类矿物，它是闪石系列中的一员，这类矿物常被称为闪石石棉。阳起石的晶体为长柱状、针状或毛发样。颜色由带浅绿色的灰-暗绿色。具玻璃光泽，透明-不透明。晶体的集合体为不规则块状、扁长条状或短柱状（图3-115）。大小不一。白色、浅灰白色或淡绿白色，具有绢丝一样的光泽。比较硬脆，也有的略疏松。折断后的断面不平整，断面可见纤维状或细柱状。

【功能与主治】 温肾壮阳。用于肾阳虚衰，腰膝冷痹，男子阳痿遗精，女子宫冷不孕。

五、硫黄

硫黄别名硫、胶体硫、硫黄块。外观为淡黄色脆性结晶或粉末，有特殊臭味（图3-116）。硫黄不溶于水，微溶于乙醇、醚，易溶于二硫化碳。作为易燃固体，硫黄主要用于制造染料、农药、火柴、火药、橡胶、人造丝等。

【功能与主治】 外用解毒，杀虫疗疮；内服补火，助阳通便。外用于疥癣，秃疮，阴疽恶疮；内服用于阳痿足冷，虚喘冷哮，虚寒便秘。

▲ 图3-115 阳起石

▲ 图3-116 硫黄

图3-117 芒硝

六、芒硝

芒硝，别名硫酸钠。芒硝是一种分布很广泛的硫酸盐矿物，是硫酸盐类矿物芒硝经加工精制而成的结晶体（图3-117）。

【**功能与主治**】泻热通便，润燥软坚，清火消肿。用于实热便秘，大便燥结，积滞腹痛，肠痈肿痛；外治乳痈，痔疮肿痛。

七、朱砂

朱砂（HgS）又称辰砂、丹砂、赤丹、汞沙，是硫化汞的天然矿石，大红色，有金刚－金属光泽（图3-118），属三方晶系。朱砂的主要成分为硫化汞，但常夹杂雄黄、磷灰石、沥青质等。

图3-118 天然辰砂

127

朱砂晶形为细小厚板状或菱面体；多呈粒状、致密块体或粉末被膜。朱红色，断口呈半贝壳状或参差状。硬度2～2.5，条痕与色相同，片状者易破碎，粉末状者有闪烁的光泽，无味，金刚光泽（新鲜晶面），半金属，暗淡光泽，半透明，三组解理完全，性脆，比重8.09～8.20。

成因产状：天然辰砂只产于低温热液矿床中，常充填或交代石灰岩、砂岩等。与石英、辉锑矿等共生。

辰砂在地表条件下比较稳定，为重要的炼汞矿物。我国是世界上重要的辰砂出产国之一，湘、贵、川交界地带为主要产地，以湖南辰州（今沅陵）为最著名，故称辰砂。

【功能与主治】 安神定惊，明目解毒。用于心烦，失眠，惊悸，癫狂，目昏，疮疡肿毒。

八、胆矾

胆矾（$CuSO_4 \cdot 4H_2O$）晶体呈短柱状和厚板状，集合体呈钟乳状、纤维状、块状、粒状、致密状和皮壳状（图

△ 图3-119 胆矾

3-119）。颜色从天蓝色到深蓝色、蓝绿色或浅绿色，条痕无色。透明-半透明，玻璃-松脂光泽。硬度2.5，比重2.28，不完全解理，断口呈贝壳状。

成因产状：形成于硫化铜矿的氧化带，氧化作用通常由表层水循环引起，主要来源是雨水。热液来自地下深处，在压力作用下上升，也可能蚀变矿脉。当水在矿坑和矿井中渗出时，常在顶棚和支架上生成皮壳状和钟乳状胆矾，胆矾多形成于世界上气候的干旱地区。

【功能与主治】 祛风痰，消积滞，燥湿杀虫。用于风热痰涎壅塞，癫痫；外用治口疮，风眼赤烂，疮疡肿毒。

Part 4 话说矿物鉴定

根据矿物的物理性质，通过"观、摸、刻、掂"等方法，可以对常见矿物进行简易鉴定，该方法主要依靠经验进行判断，方便快捷，但对于疑难矿物，则需要请专业人员采用实验室鉴定方法。实验室主要是通过分析矿物的化学成分、结构、形貌和物性来鉴定矿物，有化学分析法、X射线衍射分析法等。

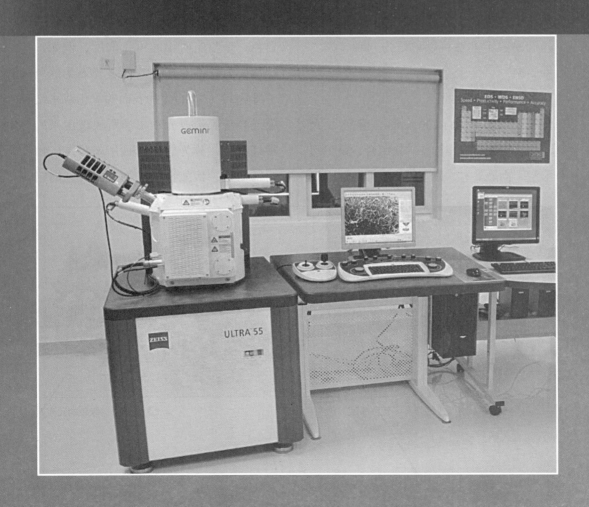

矿物的简易鉴定

矿物的简易鉴定方法包括野外人工肉眼鉴定和室内辅助设备鉴定。在室外或野外，常见矿物一般都可以用简易方法进行初步的人工鉴定。常见矿物的简易鉴定方法可以总结为"观、摸、刻、掂"。

一、"观"

观察矿物晶体的外形、颜色、光泽、透明度、解理和其矿物组合，是识别鉴定矿物最基本、最重要的步骤。这些观察内容是矿物主要物理性质的反映。

1. 颜色

颜色是鉴定矿物最大的特征之一。不少矿物是根据其颜色来命名的。矿物的自色，是鉴定矿物的可靠依据，例如，蓝铜矿为蓝色（图4-1），孔雀石为绿色（图4-2）；有的矿物表面的氧化或水化膜或裂缝等造成光线干涉所表现出来的彩虹颜色，称为假色，是用来鉴定矿物的辅助色，例如金属矿物表面常见的锈

△ 图4-1 蓝色的蓝铜矿

△ 图4-2 绿色的孔雀石

色；他色是矿物中微量元素或杂质所引起的颜色，例如，水晶的自色为无色透明，但含铁质时呈红色，含有机质时呈黑色。他色不能用来鉴定矿物。

2. 外形

矿物的外形反映了结晶习性，而结晶习性可用晶体在三维空间上的发育程度来描述。如果单晶体在三维空间中朝一个方向特别发育，则形成柱状、针状或长条状矿物，如柱状电气石（图4-3）、针状文石、长条状辉锑矿（图4-4）。如果晶体朝着两个方向生长，则形成片状、板状矿物，如片状的云母（图4-5）、板状的重晶石等。如果单体在三维空间的发育程度基本相同，则形成三向等长的矿物，多呈等轴状，如立方体的黄铁矿、粒状石榴石等。

3. 透明度

透明度取决于矿物的化学组成和内部结构，根据其透光能力，可以将矿物分为透明、半透明和不透明矿物。所有珍贵的宝石、半宝石矿物都是透明或半透明晶

▲ 图4-3　柱状的电气石

▲ 图4-4　长条状的辉锑矿

▲ 图4-5　片状的云母

体，如红宝石、水晶（图4-6）、海蓝宝石晶体等。而大部分金属矿物均是不透明的，如磁铁矿（图4-7）、黄铁矿、辉锑矿等。

4. 光泽

光泽是矿物的重要属性，按强度依次分为金属光泽、半金属光泽、金刚光泽、玻璃光泽、丝绢光泽、油脂光泽、树脂光泽、珍珠光泽、土状光泽等。不同的矿物有不同的光泽，例如毒砂、黄铁矿等硫化物矿物有很强的金属光泽；而云母、石膏显现丝绢光泽（图4-8）；一些方解石显示油脂光泽；水晶、萤石显示玻璃光泽等（图4-9）。一般而言，金属光泽、半金属光泽和土状光泽的矿物都是不透明矿物，而玻璃光泽、油脂光泽和金刚光泽的矿物大都是半透明或透明矿物。

▲ 图4-6　透明的水晶

▲ 图4-8　石膏的丝绢光泽

▲ 图4-7　不透明的磁铁矿

▲ 图4-9　萤石的玻璃光泽

5. 晶面生长纹

矿物晶体的实际晶面虽然平整光滑，但大都发育了各种细小的线状纹饰，这些纹饰主要是晶面条纹、晶面螺纹等生长纹和多次结晶形成的晶面阶步与棱面。不同的矿物有不同的结晶习性，从而产生了不同的晶面面纹，比如水晶晶面上常见横纹，黄玉晶面上常见有竖纹。有些矿物还发育了后期受物理挤压和化学腐蚀所形成的各种蚀象，反映了它们的物理、化学特性。

通过仔细观察矿物的以上特征，结合查阅有关的矿物鉴定手册或书籍，基本上可以确定矿物的大致类型，然后再用以下的手段来进一步确认。

二、"摸"

用手触摸晶体可以确定矿物的晶面、晶纹、解理、裂理和断口等物理特征。有不少矿物能够通过触摸来判断其类型。

解理是晶体在外力作用下沿一定方向（结晶面）规则破裂的一种性质，其破裂面被称为解理面。解理面一般较平整光滑，与晶面的区别是无晶纹发育而常见多层细小断裂台阶，与断口的区别是破裂面规则平整，相互平行。有些矿物只有一组单方向的解理，破裂后呈板状、薄片状，如云母等。有些矿物有两个方向的两组解理，破裂后呈块状，如方解石、菱锰矿等。还有些矿物有三个甚至四个方向以上的多组解理，破裂后呈菱形或锥状-双锥状，如萤石等。根据矿物沿解理方向开裂的难易程度，矿物解理可以划分为完全解理（极易开裂）、中等程度解理、弱解理和无解理（只有断口）。

断口是指晶体受打击后产生的不规则破裂面。由于晶体内部结构的不同，断口的类型也不同，从而可以用来鉴定矿物。断口一般可以分为以下几种：

贝壳状断口：断面呈弯曲的凸面或凹面，并具有同心弧状构造，像贝壳，如水晶的断口（图4-10）。

平坦状断口：断面平坦，但不光滑，如高岭石的断口。

▲ 图4-10 贝壳状断口

参差状断口：断面不规则，极其粗糙，如电气石的断口（图4-11）。

△ 图4-11　参差状断口

锯齿状断口：呈尖锐而起伏的锯齿状，许多金属矿物和丝发状矿物具有此类特征，如辉锑矿、石膏、石棉等的断口。

凭手感还可以根据矿物表面光滑程度来确定某些矿物类型，一些硬度较低的矿物如辉钼矿、蛇纹石、滑石、石墨和其他黏土矿物都具有滑溜的感觉，而自然铜、锑华、孔雀石等矿物表面则有粗糙感。

三、"刻"

用未知矿物去刻画、挤压已知矿物或器具，可以了解到被鉴定矿物的硬度、弯挠性、延展性和条痕色等特征。在应用本方法时，一定要注意不要破坏晶体的完整性，要用碎片或矿晶的裂面、背面或底面去刻试。

矿物硬度是鉴定矿物最有效、最常用的特征。硬度确定方法通常是用未知矿物晶体去刻画已知硬度的晶体或硬度计，矿物硬度常用10级来划分（**莫氏硬度，简称硬度**）。从极软到极硬的标准矿物为：1.滑石；2.石膏；3.方解石；4.萤石；5.磷灰石；6.正长石；7.石英；8.黄玉；9.刚玉；10.金刚石。

如果没有现成的标准硬度矿物，也可以用一些常见的工具来进行划刻。如指甲的硬度为2～2.5，硬币的硬度为3.5，小刀的硬度为5～5.5，玻璃的硬度为6，玻璃刀的硬度为9～10（图4-12）。

矿物的条痕色是指矿物在白瓷板（瓷碟）等物品上刻画留下来的条痕的颜色，它往往比矿物的颜色更能反映矿物晶体的本色（图4-13）。矿物颜色常常受光泽、光线、氧化层和表面污染物的影响，而条痕色代表矿物粉末的自色。例如赤铁矿的颜色可以是黑色、灰色和紫红色，但其条痕色永远是红棕色。

通过刻压矿物晶体还可以确定矿物的塑性和弹性（**又称挠性**）。前者表示晶体被挤压变形后，不能恢复原状，如滑石、绿泥石、蛭石等矿物具有明显的塑性。后者是指晶体刻压时变形，压力撤除后又能恢复原状的特征，如云母等矿物均具有此特征。

图4-12　标准矿物硬度及常见工具硬度

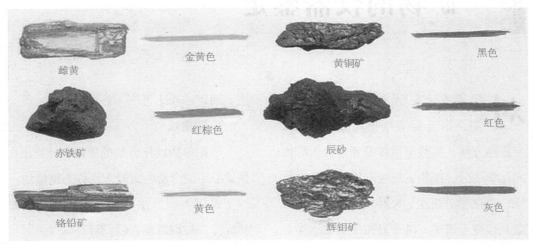

图4-13　几种常见矿物的条痕色

135

四、"掂"

通过手掂矿物的质量可以估计出晶体的比重。矿物比重是矿物质密度的反映，也是鉴定矿物的最主要参数之一。根据比重大小一般把矿物分为轻、中、重三类：轻者比重小于2.5；中者为2.5～4；重者大于4。在野外主要凭手掂矿物的感觉与经验来比较不同矿物的比重而确定矿物类型，如重晶石与方解石的区别是前者重，后者轻；锡石和闪锌矿的区别也是如此。严格的比重测定一般采用排水法，即先称一下矿物质量，然后再在水中称其质量，并用下列公式计算其比重：

比重=空气中质量/（空气中质量-水中质量）

通过观、摸、刻、掂，了解矿物特征后，通过查阅矿物鉴定手册和书籍，可以将常见的矿物识别或确定其大概范围。有些矿物还具有一些特殊的性质，可以轻易地鉴别，如自然硫、煤、琥珀的可燃性，雄黄的变色性，光卤石、石盐、石膏的可溶性。还有，燃烧自然硫与黄铁矿、锤击毒砂时可发出臭味的特征等，均是简易鉴定矿物的好方法。

矿物的仪器鉴定

对于简易方法无法鉴定的疑难矿物，则需要请专业人员采用实验室鉴定方法。实验室主要是通过分析矿物的化学成分、结构、形貌和物性来鉴定矿物，有化学分析法、X射线衍射分析法、激光拉曼光谱法、电子显微镜观察法等。

一、化学成分分析法

常用的化学成分分析方法包括重量法、滴定法和比色法。

1. 重量法

根据单质或化合物的重量，计算出在供试品中的含量的定量方法称为重量法。

采用不同方法分离出供试品中的被测成分，称取重量，以计算其含量。按分离方法不同，分为沉淀重量法、挥发重量法和提取重量法。

注意事项：取样适量，缓慢加入沉淀剂，沉淀应多次洗涤，烘干或灼烧方法适当等。

2. 滴定法（即容量法）

滴定法是以化学反应为基础的分析方法。所谓"滴定"就是将已知浓度的标准溶液（滴定剂）从滴定管中仔细地滴到含待测物质的溶液中，直到滴入的滴定剂与溶液中待测物质按化学计量数正好定量反应完全为止。根据消耗标准溶液的体积，按化学反应的计量关系，计算溶液中待测物质的含量。

根据反应类型的不同，滴定分为：酸碱中和滴定（利用中和反应）；氧化还原滴定（利用氧化还原反应）；沉淀滴定（利用生成沉淀的反应）；络合滴定（利用络合反应）。人工滴定法：根据指示剂的颜色变化指示滴定终点；自动电位滴定法：通过电位的变化，由仪器自动判断终点。

3. 比色法

通过比较或测量有色物质溶液颜色的深度来确定待测组分含量的方法。

比色分析对显色反应的基本要求是：反应应具有较高的灵敏度和选择性，反应生成的有色化合物的组成恒定且较稳定，它和显色剂的颜色差别较大。

目视比色法：用不同量的待测物标准溶液在相同的一组比色管中配成颜色逐渐递变的标准色阶。试样溶液在相同条件下显色，目视找出色泽最相近的那一份标准，由其中所含标准溶液的量，计算确定试样中待测组分的含量。

光电比色法：在光电比色计上测量一系列标准溶液的吸光度，将吸光度对浓度作图，绘制工作曲线，然后根据待测组分溶液的吸光度在工作曲线上查得其浓度或含量。

重量法和滴定法是经典的分析方法，适用于测定常量组分；比色法由于应用了分离、富集技术及高灵敏显色剂，可用于部分微量元素的测定。

化学分析的特点是精度高，但周期长，样品用量大。

二、X射线衍射法

X射线衍射法是分析矿物结构的一种方法。矿物结构分析是一种利用晶体对高能量电磁辐射的衍射效应来研究矿物晶体结构（如晶体的晶胞参数、空间群、各原子在晶胞中位置等）的技术。

X射线衍射分析是利用晶体形成的X射线衍射，对物质进行内部原子在空间分布状况的结构分析方法（图4-14）。

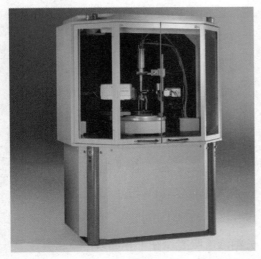

▲ 图4-14　X射线衍射仪

将具有一定波长的X射线照射到结晶性物质上时，X射线因在结晶体内遇到规则排列的原子或离子而发生散射，散射的X射线在某些方向上相位得到加强，从而显示与结晶结构相对应的特有的衍射现象。

衍射X射线满足布拉格方程：

$$2d\sin\theta=n\lambda$$

式中：λ是X射线的波长；θ是衍射角；d是结晶面间隔；n是整数。将求出的衍射X射线强度和面间隔与已知的表对照，即可确定试样结晶的物质结构，此为定性分析。从衍射X射线强度的比较，可进行定量分析。

三、激光拉曼光谱法

拉曼光谱法是研究矿物分子受光照射后所产生的散射、散射光与入射光能级差和化合物振动频率、转动频率的关系的分析方法（图4-15）。与红外光谱类似，拉曼光谱是一种振动光谱技术。所不同的

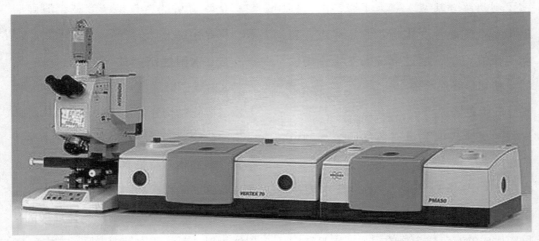

▲ 图4-15　激光拉曼光谱仪

是，前者与分子振动时偶极矩变化相关，而拉曼光谱则是分子极化率改变的结果，被测量的是非弹性的散射辐。

一定波长的电磁波作用于被研究物质的分子，引起分子相应能级的跃迁，产生分子吸收光谱。引起分子电子能级跃迁的光谱称电子吸收光谱，其波长位于紫外–可见光区，故称紫外–可见光谱。电子能级跃迁的同时伴有振动能级和转动能级的跃迁。引起分子振动能级跃迁的光谱称振动光谱，振动能级跃迁的同时伴有转动能级的跃迁。拉曼散射光谱是分子的振动–转动光谱。用远红外光波照射分子时，只会引起分子中转动能级的跃迁，得到纯转动光谱。

拉曼光谱的优点在于它的快速、准确，测量时通常不破坏样品，样品制备简单甚至不需专门制备。谱带信号通常处在可见或近红外光范围，可以有效地与光谱联用。这也意味着谱带信号可以从包封在任何对激光透明的介质，如玻璃、塑料内，或将样品溶于水中获得。现代拉曼光谱仪使用简单，分析速度快（几秒到几分钟），性能可靠。因此，从某种意义上说，拉曼光谱比其他光谱联用技术更加简便（可以使用单变量和多变量方法以及校准）。

四、电子显微镜观察法

电子显微镜是根据电子光学原理，用电子束和电子透镜代替光束和光学透镜，使物质的细微结构在非常高的放大倍数下成像的仪器（图4-16）。它具有分辨率高、景深长、成像富有立体感等优点。

利用它可以研究细分散矿物的晶形轮廓、晶面特征、连晶形态等。

除了以上介绍的几种方法外，常用的矿物鉴定方法还有热分析法、差热分析法、热重分析法、红外吸收光谱分析法、电动电位计法、电渗析法、磁性测试仪法等。

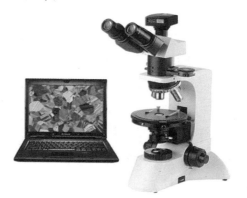

▲ 图4-16　矿相显微镜

参考文献

[1] 佩兰特. 岩石与矿物: 全世界500多种岩石与矿物的彩色图鉴——自然珍藏图鉴丛书[M]. 谷祖纲, 李桂兰, 译. 北京: 中国友谊出版公司. 2003.

[2] 翁润生. 矿物与岩石辞典[M]. 北京: 化学工业出版社. 2008.

[3] 赵建刚等. 结晶学与矿物学基础[M]. 北京: 中国地质大学出版社. 2009.

[4] 姜锡禄等. 神奇的矿物会说话[M]. 长沙: 湖南地图出版社. 2012.

[5] 郭克毅. 矿物鉴赏图典[M]. 北京: 化学工业出版社. 2014.

[6] 张保国. 矿物药[M]. 北京: 中国医药科技出版社. 2005.

[7] 谢仲权, 牛树琦. 天然矿物饲料添加剂[J]. 饲料与畜牧. 2005, 6: 23-26.

[8] 郑旭华. 用途广泛的非金属矿物[J]. 科技信息. 1998, 7(13-14): 13-14.

[9] 王仰之. 药用矿物的鉴定[J]. 药学通报. 1963, 9(2): 71-74.

[10] 张瑛. 我国矿物饲料应用研究概况[J]. 精细与专业化学品. 1997(23): 3-4.

[11] Theodore Gray. 神奇的视觉之旅——化学元素[M]. 陈沛然, 译. 北京: 人民邮电出版社. 2011.